Quelles forêts pour demain ?

ISBN : 2-7475-0114-0

Hervé BRÉDIF Pierre BOUDINOT

Quelles forêts pour demain ?

Éléments de stratégie pour une approche rénovée du développement durable

Préface de Serge Antoine

L'Harmattan
rue de l'École-Polytechnique
75005 Paris
France

L'Harmattan Inc.
55, rue Saint-Jacques
Montréal (Qc) CANADA
H2Y 1K9

L'Harmattan Hongrie
Hargita u. 3
1026 Budapest
HONGRIE

L'Harmattan Ita
Via Bava, 37
10214 Torino
ITALIE

Photos de couverture

Monastère St Trophime à Arles : *image du paradis sur Terre, le cloître est un jardin conquis sur la forêt.*
(photo : Henri Chappe)

Bibliothèque Nationale de France : *la forêt se retrouve au cœur du "monastère contemporain".*

(photo : Robert César)

Remerciements

Une large part de cet ouvrage résulte de travaux effectués dans le cadre de l'AFOCEL au profit des acteurs français de la forêt et du bois. Sans le soutien, l'enthousiasme et les encouragements de Monsieur Jacques STURM, Directeur Général de cet organisme, ce livre n'eût pas vu le jour.

Monsieur Serge ANTOINE, Président d'honneur du Comité 21 et co-organisateur du congrès de Rio, a accepté de relire le manuscrit, de nous faire part de ses commentaires, et de préfacer l'ouvrage. Qu'il trouve ici l'expression de nos très vifs remerciements.

Les expertises d'un grand nombre d'acteurs impliqués dans les domaines de la forêt et des industries du bois et du papier, de l'environnement, de la recherche, du développement durable et de la certification, en France comme à l'étranger, ont été sollicitées au cours des quatre années d'investigation qui ont précédé la rédaction de cet ouvrage. Plusieurs idées développées dans ce livre doivent beaucoup à des échanges de vue avec des responsables forestiers français, notamment M. Henri PLAUCHE-GILLON Président de la Fédération Nationale des Syndicats de Propriétaires Forestiers Sylviculteurs, M. le professeur Jean-Louis MARTRES ainsi que les responsables de la Direction de l'Espace rural et de la Forêt au Ministère de l'Agriculture et de la Pêche. Cependant, les propos tenus dans l'ouvrage n'engagent que les auteurs.

Nous remercions également tous ceux qui nous ont fait part de leurs remarques et critiques sur le manuscrit, en particulier

Paul ARNOULD, Pierre BESSIN, Elisabeth BIGET, Jacques BOUDINOT, Brigitte BOUILLAGUET, Hervé BURTSCHELL, Olivier CAMPA, Frédéric CAZALS, Bruno FAUTREL, Philippe MONCHAUX et Jean-Claude THIBAULT.

Merci enfin à Bruno DUVAL pour la réalisation des illustrations, et à Pascale PANNETIER et Annick LAURENT, pour leur aide éditoriale.

Préface

Voici un nouvel ouvrage sur la forêt dans ses rapports avec ce que l'on appelle le "développement durable" que l'on aimerait voir dans tous les domaines de l'activité humaine et dans tous les milieux qui ont un rapport avec celle-ci. La forêt est un bel exemple de sujet où s'imbriquent milieux et activités au point, en tout cas en Europe, de se confondre, qu'on aurait envie qu'elle serve de pilote.

Hervé Brédif et Pierre Boudinot ont eu le mérite pour cette forêt de gratter la surface des mots véhiculés trop rapidement en forme de concepts depuis la Conférence de Rio et de s'interroger. Ils se sont efforcés de transformer l'implicite en explicite.

C'est peut-être plus nécessaire ici qu'ailleurs parce que tant de générations de gestionnaires y ont décliné de façon implicite les vertus de la gestion "en bon père de famille" ; ils ont même, en 1346, avec la célèbre ordonnance de Brunoy, découvert le développement durable en "limitant l'exploitation des forêts à ce qu'elles puissent perpétuellement soutenir en bon état". Cette ordonnance, soit dit en passant, si on l'avait mieux entendue, nous aurait encouragés, dans les traductions officielles du mot "sustainable" en anglais, à y regarder à deux fois pour le français, avant de se précipiter dans le développement "durable". Car le qualificatif de "durable" ne couvre que l'une des dimensions de ce nouveau concept.

Il ne faut pas en conclure que la vertu de la forêt est de porter si fort le temps long que, depuis toujours, les gestionnaires de la forêt font du "développement durable".

La forêt cependant nous ouvre bien la voie : elle qui nous invite à ce regard prospectif dans une société qui va si vite et qui consomme trop en temps réel qu'elle n'est pas habituée à chevaucher l'avenir alors qu'elle devrait pourtant se méfier, de plus en plus, de son incorrigible insouciance.

La durée de l'arbre et, plus encore, celle de la forêt, nous invitent à allonger la perspective du temps puisqu'il s'agit "des générations à qui on confie un bien qu'on a emprunté à ses prédécesseurs". On se fonde donc ici sur une prospective d'un domaine à long, à très long terme, sans s'attacher à un horizon daté. C'est ce que l'on appelle une prospective "diachronique" et non "synchronique" ; c'est la meilleure. La forêt nous fait prendre la prospective de la bonne manière.

Nous l'avions bien senti lorsqu'en 1977 nous avions, avec Bertrand de Jouvenel, monté un groupe de travail officiel sur la forêt du XXIe siècle ; il y était apparu que le vécu implicite n'est pas un point de départ suffisant : le développement durable appelle une déclinaison explicite.

* *
*

Hervé Brédif et Pierre Boudinot, ont peu remué l'histoire ancienne mais se sont bien rattrapés sur l'histoire plus récente ; celle qui commence en 1992, au Sommet Planète Terre de Rio. Et ils ont manifesté à la fois leur grand intérêt pour ce point de départ d'une véritable révolution engagée depuis moins de dix ans et pour ce qui a été entrepris depuis. Ils ont perçu trois points : la difficulté d'une solution universelle dont ils retiennent l'échelle pour l'approfondissement des méthodes, la démission des Etats (malgré les textes internationaux qui les consacrent) et l'illusion d'une fabrication à l'emporte-pièce de consensus par des démarches "d'écocertification" mal pensées.

Sur le premier point, on ne peut que constater que la mondialisation est, pour les forêts au pluriel, une voie risquée, tant elle pourrait oblitérer les géographies qui sont plus que nuancées. Quels rapports y a-t-il entre les forêts tempérées, les forêts tropicales, les forêts exploitées à l'américaine ? Il était écrit qu'à Rio on ne pourrait pas aller plus loin qu'une Déclaration. L'effort planétaire n'est pas cependant inutile et il faudra bien avancer dans l'universel mais, au préalable – et les auteurs ont raison – il faudra se mettre d'acccord sur les critères, les indicateurs et la prise en compte des différences.

Sur le deuxième point – la démission des Etats – peu d'analystes ont vu qu'à Rio s'est fait le passage – cela a été écrit en toutes lettres dans la Déclaration Générale de la Conférence – entre la ***souveraineté*** *des Etats (encore affirmée à la Conférence de Stockholm en 1972) et la* ***responsabilité*** *des Etats qui s'y est substituée. C'est elle qui est maintenant soulignée. Et c'est un énorme changement.*

Il n'est pas sûr qu'à cette aune, les missions des Etats et leurs pouvoirs s'évanouissent si vite à leur échelle ou à celle de leurs groupements, par exemple, pour nous à celle de l'Europe. Les Etats, s'ils sont bien à l'écoute des nombreux partenaires de la forêt et s'ils sont mûrs pour la logique du développement durable, ont toutes les raisons d'être encore bien présents. La nouvelle loi sur la forêt en France en est un signe évident.

Quant au troisième point - la naissance d'un consensus et d'une nouvelle déontologie – épaulant les automatismes du marché, il y aurait beaucoup à dire. D'abord sur les vertus d'un libéralisme automatique et de l'échelle mondiale qu'il sous-tend. Ensuite sur les manières "à la hussarde", exercées pour obtenir des consensus mal préparés et non mûris. Ce n'est pas partout vrai. Disons, à ce propos, que les chemins de l'écocertification sont encore très ouverts. J'ai pu mesurer, en "facilitant" la préparation de la stratégie forestière française, l'intérêt de l'émergence volontaire d'une telle démarche avec l'association française de certification forestière créée en 1999 pendant cette période et les dialogues qu'elle pourra engager et a déjà entrepris avec l'association européenne.

En tout cas, les auteurs ont raison ; il faudra travailler encore beaucoup sur un développement durable bien explicite, sur les critères, sur les indicateurs, sur les méthodes, sur la formation et trouver encore et encore de nouveaux "facilitateurs".

Ils l'ont dit aussi clairement dans le chapitre 3 ; il faudra le faire à la bonne échelle. Parmi celles-ci, l'échelle régionale et celle des massifs ont été évoquées. C'est ce que recommandait la stratégie française en 1999. C'est à cette échelle là que les nombreux acteurs de la société civile peuvent se rencontrer sur le terrain : propriétaires, collectivités publiques, professionnels de la filière bois, associations et O.N.G., scientifiques et utilisateurs de la forêt pour les loisirs et le repos. C'est bien à cette échelle là que des stratégies peuvent se dessiner au-delà des mots.

* *

*

La vraie prospective d'un domaine n'est jamais endogène ; sinon Louis Tassy aurait eu raison en 1854 de prévoir pour 2088, dans 234 ans, le déboisement total d'un pays comme la France. Elle se nourrit d'abord des autres secteurs et

d'interfaces[1] économiques et sociétales qui ont des rythmes plus courts et écologiques parfois plus longs ; les arbres ne sont-ils pas les rares survivants du millénaire que nous quittons ?

Or, pour la forêt, les "interfaces" sont plus nombreuses qu'on ne pense :

- *il en est de planétaires : celles liées, par exemple, à l'ozone, au réchauffement de l'atmosphère, à l'effet de serre qui semble jouer dans les deux sens : nourrir une croissance végétale accélérée par le CO_2 et contribuer à réduire ce même CO_2 ;*

- *il en est d'internationales : celles liées à la compétition avec les bois d'autres pays ; celles qui découlent d'une réglementation internationale sur le commerce ; celles qui s'appuient sur la certification ;*

- *il en est de nationales : les transferts de pollution (trop vite intitulés "pluies acides"), venant, par exemple, des industries ou du trafic urbain ;*

- *il en est de plus proches : celles qui viennent des menaces de l'urbanisation, il est vrai, plus maîtrisées aujourd'hui ; mais il en est d'autres, venant des coupures routières, ferroviaires, électriques faites par des ingénieurs ou par des décideurs qui ignorent que la forêt ne survit pas en dentelle ;*

- *il en est de culturelles, de spirituelles auxquelles la Conférence de Rio à fait référence ou de celles liées aux pratiques de loisirs ;*

- *il en est de plus économiques liées à la filière et aux usages du bois ; en particulier pour la construction et l'habitat*

[1] *C'est ce que nous apprend l'excellent travail entrepris depuis 1968 dans le cadre des programmes de l'Unesco "L'homme et la biosphère" (MAB).*

(matériaux, énergie, etc.) pour lesquels on devrait porter davantage attention à la comptabilité patrimoniale et aux "intrants"[2] ;

- il en est de très liées au destin des espaces géographiques. Que deviendront dans un demi-siècle, les espaces agricoles dans certaines régions européennes ? Quelle sera la vocation rémunérée des espaces de montagne ? Mais aussi quelles seront les politiques d'aménagement des territoires, ou, plutôt, nous l'espérons, de "ménagement des territoires", avec l'idée, là, d'assurer les continuités pour ce que certains appellent "les schémas directeurs de l'infrastructure verte".

* *
*

Enfin, la gestion durable ne veut pas dire seulement se fixer des objectifs : c'est aussi parler des moyens concrets de les mettre en œuvre. Je dirai simplement qu'il en existe plusieurs familles dont les meilleures sont celles qui impliquent le volontariat et qui favorisent une dynamique d'incitation. C'est bien ce que la Conférence de Rio a préconisé, en mettant en avant, pour la première fois au monde dans une conférence internationale toutes les catégories socio-professionnelles, les acteurs de la société civile, (les "major groups") et en préconisant l'approche consensuelle, l'approche contractuelle.

Il y a ensuite la recherche car la gestion durable n'est absolument pas synonyme d'immobilité. Il y a aussi la mesure et le recours aux indicateurs ou à la télédétection, aujourd'hui outils indispensables. Il y a l'anticipation et il y aurait, par exemple, à revoir tout le dispositif des prêts pour y intégrer le très long terme. Il y a aussi la réglementation – intelligente de

---

2 *cf. les travaux effectués en Suisse et au CNRS (1997)*

préférence – et en particulier, celle qui favorise l'incitation volontaire ; l'écofiscalité n'en étant qu'un des aspects. Il y a enfin l'éducation et la formation et je constate, par exemple, que celle du développement durable est maintenant solidement ancrée dans l'enseignement agricole.

Et quand on évoque l'espace rural et l'agriculture, il est évident qu'un rapprochement des politiques forestières, agricoles et rurales "raisonnées", est bien dans l'esprit de tous ceux qui optent pour une gestion durable des forêts, et qu'il leur est bien naturel aussi de tenir compte des diversités régionales, de la diversité aussi des massifs forestiers. La politique du développement durable ne se vend pas au mètre et ne se plante pas sans racine.

*   *
      *

Après ces quelques commentaires sur le travail de Hervé Brédif et Pierre Boudinot et quelques digressions, je voudrais simplement conclure cette préface en les remerciant d'avoir ouvert le pourquoi et le comment des démarches que les gestionnaires et les acteurs de la société civile comme les pouvoirs publics, entreprennent et auront à entreprendre s'ils ne sont pas satisfaits des sous-entendus de cette dernière décennie du XXe siècle et s'ils veulent, avec courage et espoir, se remettre à l'ouvrage. La forêt est comme le sillon ; elle n'appelle pas de solution toute faite mais le courage et l'obstination.

Serge Antoine
Président d'honneur du Comité 21
et co-organisateur du congrès de Rio

Introduction

Aux lendemains du Sommet de la Terre tenu en 1992 à Rio de Janeiro, l'avenir du développement durable paraît des plus incertains. Devant la faiblesse des engagements des Etats, le caractère général des résolutions adoptées, nombre d'observateurs, d'organisations non gouvernementales, d'experts, de groupes d'intérêt et de pays manifestent leur déception. Ce sommet constituait pourtant une rencontre internationale sans précédent par le nombre, la qualité et la diversité des protagonistes.

Moins de dix ans après et contre tout pronostic, la durabilité est devenue une notion incontournable. Son succès se mesure à l'étendue de sa diffusion. Réservée dans un premier temps à quelques spécialistes et habitués des conférences internationales, elle est désormais utilisée de manière croissante par la société civile et la société marchande. Ainsi, pour certaines entreprises, l'argument du développement durable constitue le fer de lance de stratégies commerciales sophistiquées : cahiers des charges, certifications et labellisations se disputent des marchés devenus sensibles aux préoccupations environnementales et sociales, chacun prétendant faire plus durable que son concurrent, preuves à l'appui. Collectivités locales, associations de conservation de la nature, mouvements en faveur des droits de l'homme, de la femme ou des enfants, portent souvent au pinacle la durabilité ; ils semblent y trouver le cadre général et suffisant dans lequel les questions de participation citoyenne aux décisions publiques, d'amélioration du cadre de vie urbain, d'accès de tous à l'éducation pourront trouver des réponses satisfaisantes. En somme, la notion de durabilité se propage à la plupart des domaines d'activités ; aucun grand problème de société, aucun enjeu ne paraît pouvoir lui résister.

Au même moment cependant, le monde continue d'être soumis à rude épreuve. Déstructurations sociales, crise économique dans certaines parties du monde, exclusion, accroissement prodigieux des disparités, famines, tensions politiques, guerres endeuillent régulièrement la planète. Les dégradations écologiques perpétrées par les activités humaines ou les négligences associées ne paraissent pas mieux gérées qu'auparavant comme en témoignent des pollutions spectaculaires ou diffuses, des incendies de forêts titanesques ou la poursuite de la disparition d'espèces. Au surplus, les avancées considérables de la biologie, en particulier le génie génétique, créent des situations dont les risques sont souvent difficiles à évaluer avec précision.

Or, si chacun ne peut qu'approuver un projet où il s'agit de concilier à la fois l'économique, l'écologique et le socioculturel - but explicitement assigné au développement durable -, l'observation des rapports entre les hommes et leur environnement naturel oblige à reconnaître que la réalité diffère foncièrement du projet. Malgré les quelques huit cents pages du guide d'actions pour le XXIe siècle produit à Rio, destiné à assurer une mise en œuvre concrète du développement durable, les longues listes de recommandations et les plans d'actions détaillés tardent manifestement à produire les effets escomptés.

Comment rendre compte d'un tel décalage ? Est-il dû à la jeunesse de la notion de développement durable, au fait qu'il faut encore du temps pour que chacun se l'approprie, en tire les enseignements nécessaires afin d'ajuster ses actes quotidiens ? Ou bien cet écart entre le projet et la réalité vient-il de ce que la mise en pratique de cette notion n'a rien d'aisée, suppose autre chose que de la bonne volonté, une muette application de la théorie et des engagements généraux. Le cas échéant, comment la concrétiser effectivement ?

L'objet de ce texte est d'éclairer les raisons de ce décalage, en l'envisageant pour un domaine particulier : les forêts. La singularité du domaine forestier est en effet d'avoir donné cours à un grand nombre de processus, de séminaires et d'actions relatifs à la "durabilité". Plus que tout autre secteur, c'est celui où les conceptions et principes généraux issus de Rio ont suscité les traductions les plus nombreuses, les tentatives d'applications les plus précises. Il s'agit donc d'un domaine d'élection pour tenter d'apprécier sur quoi les approches actuellement dominantes de la durabilité achoppent.

S'interroger sur les origines de l'insuccès apparent de ces approches en matière forestière demande de se livrer à une évaluation en deux temps. Il est tout d'abord nécessaire d'apprécier les caractéristiques des grandes initiatives internationales qui se recommandent de Rio et de la gestion durable des forêts. Ainsi, une première évaluation consiste à éprouver la cohérence de ces initiatives, la concordance entre les objectifs affichés et les moyens effectivement mis en œuvre pour les atteindre. La première partie de l'ouvrage lui est consacrée.

Après avoir analysé ces initiatives dans leur logique interne, la rigueur de leurs définitions, l'adéquation entre leurs objectifs et les moyens envisagés, la valeur intrinsèque des concepts et des outils auxquels elles font appel, la deuxième phase de l'évaluation consiste à s'interroger sur leur aptitude à résoudre les problèmes effectifs des acteurs. Y a-t-il, en d'autres termes, une bonne correspondance entre les initiatives conçues au plan international en matière de gestion durable et les problèmes concrets auxquels sont confrontés les acteurs directement concernés par des forêts ? Afin de répondre à cette question, il est nécessaire, au préalable, de préciser les défis qu'engendre l'évolution des rapports des hommes aux forêts, ce qui revient à énoncer en quels termes se pose aujourd'hui la problématique forestière. La seconde partie s'attache ainsi à fournir une explicitation globale du contexte forestier contemporain.

Enfin, la confrontation des analyses développées dans les deux premières parties permet de dégager un diagnostic d'ensemble. Ce diagnostic conduit notamment à reconnaître que la question de la durabilité, dans le cas des forêts, ne peut pas être convenablement appréhendée tant qu'elle n'est pas associée à une autre question : "quelles forêts pour demain ?" A cette question, les auteurs n'y répondent pas à la manière d'un spécialiste, prescrivant tel type de forêt ou de gestion forestière plutôt que tel autre. Le lecteur découvrira au contraire que les solutions toutes prêtes et les modèles de sylviculture élevés parfois au rang de panacée ne répondent que très imparfaitement aux enjeux forestiers actuels et à venir, au point d'aller souvent à l'encontre de l'objectif de durabilité. Au demeurant, ces considérations s'appliquent particulièrement aux espaces forestiers ayant été durement affectés par les tempêtes de fin 1999.

Puisque le devenir des forêts est dépendant d'une multitude d'acteurs et de facteurs, il importe de discerner derrière cette question l'interrogation plus large "quelles forêts souhaitons-nous pour demain et comment nous assurer d'y parvenir ?", le *"nous"* renvoyant à l'ensemble des composantes de la société, et à ses différentes échelles d'expression, du local au mondial. En conséquence, les préconisations exprimées dans la troisième et dernière partie viseront à *adapter* le mode général d'appréhension des questions forestières aux défis contemporains. Elles ont ainsi vocation à intéresser des situations forestières très variées.

"Le plus grand péril me semble en fait le pessimisme, autrement dit la perpétuelle volonté de dire aux jeunes qu'ils vivent dans un monde mauvais, (...) hypocrite et je ne sais quoi encore. Si l'on considère les choses sous un angle historique, le monde où nous vivons est, à mon sens, le meilleur qui ait jamais existé. Bien sûr c'est un monde mauvais, parce qu'il y a un monde meilleur, et que la vie nous incite à chercher un monde meilleur. Et il faut poursuivre cette quête".

Karl POPPER, *L'avenir est ouvert*

"Le médecin a souvent le devoir d'alarmer. Cela ne veut pas dire qu'il soit pessimiste. Le fait de voir tous les risques de maladie et d'attirer l'attention sur eux ne signifie pas que l'on soit pessimiste (...). La possibilité d'évolution supérieure, la possibilité d'évolution vers des niveaux inconnus qui n'ont jamais existé est aussi réelle que celle de voir l'humanité se transformer en une société de termites de la pire espèce".

Konrad LORENTZ, *ibid.*

Première partie

La gestion durable : significations et approches internationales

Chapitre 1

Des conceptions distinctes de la gestion durable

En l'espace de quelques années, la notion de gestion durable des forêts a envahi les discours, les textes réglementaires, les programmes d'actions, les projets de recherche et les argumentaires commerciaux. Loin de s'en tenir au seul domaine forestier, l'idée de durabilité se propage aux domaines les plus divers : qu'il s'agisse de la ville, des océans, de l'agriculture, de la montagne, de l'énergie ou de l'emploi, il est peu d'organismes et de responsables qui ne prétendent faire, de la gestion ou du développement durable, leur vision stratégique et leur éthique au quotidien. Une telle unanimité de projet, capable de si bien transcender les catégories, les générations, les cultures et les régimes est trop parfaite. La concorde ne serait-elle qu'apparente ?

Une comparaison approfondie des discours[3] révèle en effet une autre réalité : sous l'unicité du vocable *cohabitent* une pluralité

---

[3] Sont pris en considération les principaux rapports et documents relatifs au développement durable et à la gestion durable des forêts, d'émanations les plus diverses (processus gouvernementaux, administrations forestières, O.N.G., industriels, scientifiques, ...). La participation d'un des auteurs,

de conceptions. Dans le cas particulier des forêts, au moins cinq conceptions majeures sont discernables. Chacun pourra éprouver leur existence, sous une forme pure ou métissée, au fil des propos de ses interlocuteurs.

1. LES CINQ PRINCIPALES ACCEPTIONS DE LA GESTION DURABLE DES FORETS

Le repérage de ces conceptions est facilité par l'existence d'une définition inaugurale. Le Sommet de la Terre, organisé à Rio de Janeiro en 1992, a en effet institué le développement durable à l'échelle planétaire. Les cinq grands documents[4] qui en émanent ont fait à l'époque l'objet d'un consensus quasi-mondial. Un de leurs grands mérites est d'avoir pris le soin de définir les termes de référence sur lesquels ils reposent. Ainsi, dans la conception originelle de la durabilité[5], trois caractéristiques essentielles se remarquent. Y est tout d'abord manifeste la volonté de considérer *conjointement* des préoccupations diverses, d'ordre économique, écologique et social ; les documents insistent sur la nécessité d'appréhender ces différents aspects d'une manière globale, dans leurs interactions et non de manière disjointe. En second lieu, les définitions sont construites autour de l'idée de "*besoins à satisfaire*" ; il s'agit de la pièce centrale autour de laquelle tout s'agence ; cette notion renvoie très explicitement à l'homme et le place au cœur de la problématique de la durabilité. Enfin, est également soulignée la dimension du temps, à des horizons plus ou moins lointains ; depuis, chacun s'applique à rappeler qu'il ne faut pas s'en tenir à l'actuel, mais penser également aux "générations futures".

---

pendant quatre ans, de 1995 à 1999, à des séminaires et débats internationaux sur ces problématiques a également été mise à profit.

[4] Cf. p. 38

[5] Définition générale reprise du *rapport Bruntland* (1987), cf. p. 38 et p I du cahier couleur

Les principaux textes adoptés à Rio en 1992

L'environnement devient une préoccupation internationale avec la Conférence sur l'Environnement Humain en 1972 à Stockholm. Il faut attendre 1983 pour que les Nations Unies instaurent une Commission Mondiale sur l'Environnement et le Développement. Cette commission rend public en 1987 un rapport intitulé *Notre avenir à tous*. Egalement connu sous le nom de *rapport Bruntland*, ce document connaît un grand retentissement dans les pays anglo-saxons ; il est à l'origine de la notion de développement durable. Le Sommet de la Terre tenu à Rio en 1992 en est un prolongement logique. Cette rencontre unique en son genre réunit du 3 au 14 juin 1992 des milliers d'experts, des représentants de groupes d'intérêts et des observateurs autour de 172 gouvernements et 108 chefs d'Etats.
Trois principaux documents ont été adoptés lors de la C.N.U.E.D.[6] pour guider l'action du futur en matière d'environnement et de développement:
- **L'Agenda 21**, sorte de guide ou de plan d'actions global, composé de 800 pages et 2500 recommandations afin que le développement durable devienne une réalité du XXIe siècle. Ses préconisations sont censées aider le monde à se préparer aux défis du siècle prochain. Il contient des propositions détaillées dans les domaines économiques et sociaux, visant par exemple à combattre la pauvreté, à changer les modes de consommation et de production, à conserver et à gérer les ressources naturelles, à protéger l'atmosphère, les océans, la biodiversité... Ce guide pour l'action recommande en particulier de renforcer le rôle des principaux groupes : femmes, syndicats, agriculteurs, enfants et jeunes, peuples indigènes, communauté scientifique, autorités locales, monde des affaires, représentants d'industries et organisations non gouvernementales.
- **La déclaration de Rio sur l'environnement et le développement**, également connue sous le nom de "Charte de la Terre", précise en 27 principes les droits et devoirs des Etats au regard de l'environnement et du développement durable. Pour la première fois sont validés au plan mondial des principes aussi importants que le principe de précaution ; le principe pollueur-payeur ; le principe de

6 Conférence des Nations Unies sur l'Environnement et le Développement, encore appelée Sommet de la Terre.

participation des citoyens à la gestion de l'environnement ; le devoir de notification des risques de pollution transfrontière.

- **Les principes forestiers** :

Une "déclaration de principes non *juridiquement contraignante* mais faisant autorité" consacre le premier consensus mondial atteint sur les forêts. Les axes forts du document composé de 15 principes pour la gestion, la conservation et l'exploitation durables des forêts sont : tous les pays, en particulier les "pays développés", s'engagent à faire un effort pour "rendre le monde plus vert", via la plantation et la conservation des forêts ; les Etats ont le droit de gérer leurs forêts selon leurs propres besoins socio-économiques ; des ressources financières devraient être allouées aux "pays en développement" afin d'établir des programmes de conservation. A la suite de l'adoption de ce texte a été créé en 1995 un Groupe Intergouvernemental sur les Forêts (G.I.F.), organisme d'appui à la Commission pour le Développement Durable des Nations Unies (C.D.D.) pour les questions forestières.

- Deux conventions de caractère obligatoire (juridiquement contraignantes) ont aussi été adoptées à l'occasion de la C.N.U.E.D. : une convention sur le changement climatique, ratifiée par plus de 160 pays dont l'objectif est de "stabiliser les concentrations des gaz à effet de serre dans l'atmosphère à un niveau qui empêche toute perturbation anthropique dangereuse du système climatique" ; une convention sur la conservation de la diversité biologique, ratifiée là aussi par plus de 160 pays. Ces conventions, de même que la CITES[7] et la convention sur la désertification[8], concernent aussi les forêts du monde, bien qu'à chaque fois sur des aspects particuliers.

Les Etats sont convenus de se retrouver tous les cinq ans pour dresser le bilan de l'avancement de leurs engagements au regard des recommandations de l'Agenda 21.

---

[7] Convention sur le commerce international des espèces de faune et de flore sauvages menacées d'extinction, entrée en vigueur le 1er juillet 1975.

[8] Cette convention qui vise à la lutte contre la désertification a été adoptée en juin 1994; plusieurs dizaines de pays l'ont ratifiée depuis.

Les forêts, domaine d'élection du débat international sur la durabilité[9]

1968 - Club de Rome : - Rapport "*Halte à la croissance*", première mise en cause globale du mode de développement suivi par l'humanité, notamment dans ses incidences négatives sur l'environnement.
1972 - Conférence des Nations Unies sur l'Environnement Humain, Stockholm - *Création du Programme des Nations Unies pour l'Environnement (P.N.U.E.).*
1987 - Commission Mondiale sur l'Environnement et le Développement : *Rapport Bruntland* ; apparition de la notion de "développement durable".
1990 - Déclaration de Bali de l'Organisation Internationale du Bois Tropical (O.I.B.T.) - *"en l'an 2000, l'intégralité des bois tropicaux exportés seront issus de forêts gérées durablement".*
Août 1990 - Sommet du G7 à Houston - *Déclaration en faveur d'une convention ou d'un accord international sur les forêts.*
Décembre 1990 - Première Conférence Ministérielle pour la Protection des Forêts en Europe, Strasbourg.
1991 - Dixième Congrès Forestier Mondial - *La forêt, patrimoine de l'avenir.*
Juin 1992 - Conférence des Nations Unies sur l'Environnement et le Développement (C.N.U.E.D.), Rio de Janeiro - *Adoption des Principes forestiers*
Juin 1993 - Seconde Conférence Ministérielle pour la Protection des Forêts en Europe, Helsinki - *Lancement du "Processus d'Helsinki" ; adoption des principes généraux pour la gestion durable des forêts en Europe (résolution H1) et pour la conservation de la diversité biologique des forêts européennes (résolution H2).*
Septembre 1993 - Séminaire de Montréal - *Lancement du "Processus de Montréal" ; critères et indicateurs de gestion durable des forêts tempérées et boréales.*
Janvier 1994 - Accord International sur les Bois Tropicaux, entre pays producteurs et pays consommateurs, Nations Unies, New York,

9 Seuls les principaux accords et réunions internationaux ayant trait à la durabilité et aux forêts sont mentionnés.

Genève - *Intégration de la préoccupation de gestion durable conformément à la Déclaration de Bali de l'O.I.B.T.*
Mars 1995 - Réunion des Ministres chargés des Forêts, Rome - *Déclaration de Rome sur les forêts.*
Avril 1995 - Troisième session de la Commission du Développement Durable des Nations Unies (C.D.D.) - *Examen des progrès accomplis depuis Rio - Création du Groupe Intergouvernemental sur les Forêts (G.I.F.) afin d'assurer l'harmonisation des débats et initiatives en faveur des forêts et dégager des propositions concrètes à soumettre à la C.D.D.*
Avril 1997 - Cinquième session de la C.D.D. - *Conclusions du G.I.F.*
Juin 1997 - Rio + 5, Session spéciale de l'Assemblée des Nations Unies, New York - *Progrès accomplis cinq ans après Rio.*
Octobre 1997 - Onzième Congrès Forestier Mondial, Antalya - *La foresterie au service du développement durable à l'aube du XXIe siècle.*
Juin 1998 - Troisième Conférence Ministérielle sur la Protection des Forêts en Europe, Lisbonne - Conversion du "Processus d'Helsinki" en "Processus paneuropéen" - *Adoption des résolutions L1 ("L'homme, les forêts et la foresterie") et L2 ("Critères, indicateurs et recommandations opérationnelles pour une gestion durable des forêts européennes").*
1998/2000 - Poursuite du dialogue politique intergouvernemental avec la création d'un "Forum Intergouvernemental *ad hoc* flexible sur les Forêts", sous l'égide de la C.D.D. Ce Forum a vocation à réfléchir notamment à la possibilité d'un "instrument juridiquement contraignant sur les forêts", sorte de "Convention Mondiale sur les Forêts" [10].

[10] Un tel projet est aujourd'hui rejeté par le Brésil, les Etats Unis et la majeure partie des O.N.G. internationales, les premiers parce qu'ils sont hostiles à un encadrement juridique international susceptible de devenir opposable sur leur propre sol, les secondes parce qu'elles ne croient pas qu'une convention mondiale supplémentaire permettra de résoudre les problèmes forestiers. En revanche, l'Union Européenne et le Canada y sont favorables : ils y voient la possibilité de définir un cadre juridique cohérent pour améliorer l'efficacité de leurs interventions, tout en refusant de s'engager à un accroissement de leur soutien financier en faveur des forêts du monde.

Indépendamment de cette conception originelle, tend à se généraliser dans le "monde professionnel" au sens large, une conception singulière de la durabilité. Les responsables d'entreprises de divers secteurs (chimie, nucléaire, électronique, agro-alimentaire...), et les cabinets de consultants qui les accompagnent, prétendent en effet faire du développement ou de la gestion "durable". Détaillée dans les brochures de présentation et les plans d'actions des sociétés, cette idée révèle rapidement ce qu'elle recouvre : avant tout des considérations de nature "écologique" ou "environnementale", comme la maîtrise des déchets, des rejets de polluants ; la contribution à la lutte contre l'effet de serre ; les économies d'énergie... Le secteur agricole est l'autre grand promoteur de cette conception "environnementaliste" de la durabilité. Par développement durable, les discours des responsables, les brochures techniques et les Plans du même nom financés par la Communauté Européenne, n'entendent souvent rien d'autre que la réduction ou la maîtrise des incidences négatives de "l'agriculture productiviste" sur le cadre de vie, les nappes phréatiques, la faune et la flore sauvages. Avec une telle conception de la durabilité, les aspects économiques et sociaux sont supposés déjà correctement investis ou hors du champ d'investigation. Seul demeure l'aspect environnemental, appréhendé sous l'angle de la minimisation des incidences négatives de l'activité humaine sur l'environnement. Cette approche débouche fréquemment sur une valorisation commerciale, visible dans le slogan "environmentally friendly" (littéralement : "amical pour l'environnement"), apposé sur certains produits mis en vente.
Les opérateurs liés à la forêt et au bois ne restreignent pas, à première vue, la durabilité à sa seule composante environnementale, puisqu'ils intègrent dans leurs discours ses trois dimensions essentielles - l'économie, l'écologie et le social. Pourtant, quand il s'agira d'apporter des preuves sur le caractère durable de la gestion mise en œuvre, cette appréciation devra être reconsidérée ; le chapitre suivant y reviendra.

Un faisceau d'approches plus caractéristiques du secteur forestier procède d'une conception assez intuitive de la gestion durable, sans renvoi à une quelconque définition explicite, sans véritable recherche de conceptualisation non plus. Ces approches révèlent en quelque sorte le "sens commun" donné à l'expression gestion durable. Dans une version minimaliste, la gestion durable des forêts est assimilée à la "forêt durable", le terme "durable" étant pris au sens littéral. Avec une telle interprétation, il suffit que l'espace forestier perdure dans le temps : l'existence d'un dispositif réglementaire assurant le maintien du couvert forestier fournit alors toutes les garanties nécessaires. A cet aspect, d'autres ajoutent une notion de rendement soutenu, la durabilité exigeant alors que le prélèvement en bois, à l'échelle d'un territoire ou d'un massif forestier donné, n'excède pas la croissance de la forêt. Pour d'autres encore, "gestion durable" et "bonne gestion forestière" ne font qu'un. Là aussi, le champ couvert peut varier. Certains apprécient la bonne gestion forestière sur le terrain. Elle s'identifie alors à l'itinéraire technique et à l'ensemble des interventions effectuées sur la forêt et rejoint à ce titre la notion de "forêt bien gérée". D'aucuns estiment que la seule appréciation des résultats observés sur le terrain ne saurait suffire ; la gestion durable exigerait au surplus l'élaboration détaillée et la mise en œuvre effective d'un plan de gestion ou d'un aménagement forestier. Enfin certains envisagent la "bonne gestion forestière" d'une manière plus institutionnelle et politique : pour ces derniers, c'est l'ensemble des dispositifs de gestion, des instruments de politique forestière, des structures et programmes de formation et de recherche, associés au corpus réglementaire qui assure, en fin de compte, le caractère durable de la gestion forestière.

Il est une autre conception, assez spécifique des milieux scientifiques forestiers. Les propos de certains responsables d'organismes de développement et de vulgarisation en sont parfois l'écho. Afin d'en reconnaître son principe essentiel, il est nécessaire de mettre à jour la filiation entre l'Edit de

Brunoy[11] - si souvent mis en avant pour souligner l'ancienneté du concept de gestion durable à la française - et les allégations actuelles de divers responsables forestiers et scientifiques. Comme l'Edit de Brunoy, cette approche est centrée sur "l'objet forestier" et a pour objectif essentiel la recherche du maintien de l'intégrité de la forêt. Son souci premier est de déterminer les conditions écologiques et techniques nécessaires à cet objectif. La nouveauté réside dans le fait de passer d'un intérêt préférentiel pour le peuplement forestier et les arbres à la gestion de l'écosystème forestier dans ses multiples composantes, sans préférence *a priori* : le contenu s'enrichit, mais l'esprit demeure. Ainsi se légitime l'idée selon laquelle la notion de gestion durable est bien connue des forestiers européens et se pratique depuis longtemps. La seule complication résiderait dans l'élargissement des objets forestiers à prendre en considération par le gestionnaire. Au peuplement d'arbres et au sol que le forestier a toujours eu soin de pérenniser, il suffirait donc d'ajouter bactéries, champignons, plantes et animaux, sans oublier leurs interactions.
Cette conception "biologique" de la gestion durable considère avant tout des objets naturels multiples et variés, associés dans des écosystèmes, dont il s'agit de pérenniser les potentialités et la complexité. Logiquement, elle fait appel en première instance à des connaissances scientifiques et techniques. Ainsi se justifient tous les discours qui prétendent que la gestion durable est avant tout un problème de scientifiques et d'experts, à résoudre par les seuls scientifiques et experts. *Exit* les acteurs et leurs besoins, les dimensions économiques et sociales.

Il convient enfin de réserver une place spéciale à la conception de la gestion durable telle que la précise le processus paneuropéen, qualifié il y a peu encore de processus d'Helsinki. De prime abord, la définition promue par ce processus intergouvernemental[12] paraît comparable aux définitions

---

[11] Cf. p. 38

[12] Ibid.

inaugurales données à Rio. Pourtant, deux caractéristiques fortes l'en distinguent. En premier lieu, l'accent est résolument mis sur les forêts elles-mêmes : "maintien de la diversité biologique, de la productivité, de la capacité de régénération, de la vitalité, de la capacité à satisfaire les différentes fonctions". En outre, la notion de "fonctions" s'est substituée à celle de "besoins" et n'occupe pas la place centrale qu'avait l'idée de "besoins à satisfaire" dans les définitions de Rio ; elle est presque devenue une résultante automatique, un sous-produit du "maintien de la diversité biologique, de la productivité, de la capacité de régénération...". Cela revient à se placer du côté des forêts et à constater que ces forêts ont des rôles divers dont peuvent bénéficier différents agents, à décrire ces rôles, les maintenir et éventuellement les développer, sans s'interroger à proprement parler sur la réelle satisfaction des besoins des acteurs concernés par les forêts. La problématique attachée au terme de "besoins", socle de la définition du Sommet de la Terre, est donc en grande partie perdue. Pourtant, cette fois, les dimensions économiques et sociales de la gestion durable ne sont pas complètement éludées, même si, en raison du recours au terme de "fonctions", la manière dont elles sont appréhendées n'est pas claire. En outre, l'idée d'échelles d'espaces successives - du local au mondial - est ajoutée.

2. QUELS ENSEIGNEMENTS TIRER DE LA CONFRONTATION DES DIFFERENTES CONCEPTIONS ?

1. Le vocable est le même, mais les acceptions diffèrent : sous l'apparente similitude de termes, les acteurs croient parler de la même chose, mais considèrent en réalité des problématiques fort distinctes. L'origine de l'incompréhension entre les acteurs et de leur difficulté à travailler ensemble réside précisément ici. Tant que les acteurs négligeront de s'accorder sur une définition commune et sur ce qu'elle recouvre comme interrogations et enjeux, les malentendus continueront de miner les échanges.

Une part considérable du sentiment d'agression ressenti par de nombreux forestiers suite aux reproches de certains acteurs sur la gestion pratiquée procède largement d'un quiproquo : leur conception de la gestion durable ne *coïncide* pas avec celle de leurs contestataires, sans qu'ils en soient pleinement conscients.

2. La différence de portée entre ces conceptions n'est pas de l'ordre de la nuance. L'écoute des propos des acteurs montre que des notions telles que "forêts bien gérées", "bonne gestion forestière", "gestion durable", "maintien des différentes fonctions des forêts", "satisfaction des différents besoins vis-à-vis des forêts" ont des implications différentes. Et pourtant, les discours et les rapports passent indistinctement de l'une à l'autre de ces formules, considérées comme interchangeables.
En posant le problème de la gestion durable sous l'angle des besoins à satisfaire conjointement, le Sommet de la Terre va au-delà du débat de spécialistes relatif "à la forêt bien gérée" ; au-delà de la conception de "la bonne gestion forestière" qui se contente d'apprécier la valeur d'un itinéraire technique ou considère avant tout le corpus réglementaire et les institutions collectives de la politique forestière ; au delà de l'approche "scientifique" de la durabilité des écosystèmes quand elle n'envisage que des objets naturels. Des forêts peuvent être effectivement "bien gérées" au sens où l'entendent l'art et les objectifs du forestier ; "durables" au sens où l'entend le scientifique, sans pour autant nécessairement répondre aux besoins des acteurs concernés par ces mêmes forêts.
Pour ceux qui assimilent gestion durable à "forêt durable" ou "bonne gestion forestière", le débat actuel paraîtra donc aberrant, tant l'état et la gestion des forêts en Europe peuvent paraître, au regard d'autres régions du monde, rassurants.
Avec la conception de Rio en revanche, la problématique de la gestion durable recommande de s'interroger plus largement sur l'insertion du patrimoine forestier dans la vie des territoires et de la société, sur les liens entre les hommes et les forêts, et sur la manière de les gérer au mieux. Sont alors abordées des questions telles que la compétitivité, l'emploi, le

développement local, la motivation des acteurs et notamment des propriétaires forestiers, questions souvent situées hors du cadre des autres acceptions de la gestion durable. La problématique forestière est ainsi replacée dans le contexte socio-économique général : il s'agit en effet de réussir à concilier des objectifs, des finalités, des devoirs et des droits distincts, des moyens et des besoins, des attentes et des offres plurielles, dans une approche beaucoup plus large et ouverte de la gestion forestière. En privilégiant la notion de fonction, le processus paneuropéen sur les forêts *hésite* entre ces différentes conceptions de la gestion durable, avec un penchant certain pour l'approche technico-scientifique qui l'éloigne des conceptions originelles de Rio. (cf p. 34)

3. Comme souvent, chacun réinterprète les notions nouvelles en fonction de ce qui l'arrange ou de ce qui épouse son champ de compétence ; ou tente de les ramener à ce qu'il croit être moins polémique, moins risqué pour lui, ses intérêts ou ceux de son groupe. La traduction de l'anglais "sustainable" en "durable" a, sinon induit, du moins conforté les divergences d'interprétation, accidentelles ou recherchées. Avec une telle traduction subsiste seulement l'idée de permanence dans le temps. Tout le reste, c'est-à-dire l'idée de besoins multiples et variés à satisfaire conjointement, a tellement peu à voir avec l'idée de durée, qu'il sera aisé de le passer sous silence. La difficulté pour les pays francophones vient de ce qu'ils ont réagi à un mot traduit et au sens qui en est donné dans leur langue. Au lieu d'en revenir au terme originel et aux motifs de ceux qui l'ont promu, dans une autre langue, anglaise en l'occurrence.

4. Insensiblement, la notion de gestion durable a dévié : *la formulation en termes de "besoins à satisfaire" en faisait un problème de société et d'objectifs ; le glissement au vocable de "fonctions" cherche à en faire un problème quasi-scientifique, soi-disant objectif.* Dans la définition inaugurale de la gestion durable, l'accent est mis sur les relations de l'homme avec les forêts, via l'idée de besoins à satisfaire. S'intéressant d'abord et avant tout aux hommes et à leurs besoins, cette formulation en

vient presque à négliger les limites et les conditions de reproduction des écosystèmes. En revanche, les autres acceptions de la gestion durable ont tendance à trancher le lien homme-forêt. Elles tentent de considérer l'écosystème forestier dans son fonctionnement autonome, sans égard manifeste pour les attentes des hommes et leurs influences nombreuses. La définition d'Helsinki, sur ce point, est ambiguë : l'expression "capacité à satisfaire les fonctions économiques, écologiques et sociales" indique que le lien avec les hommes n'est pas oublié ; cependant, la formulation générale, résolument centrée sur les forêts elles-mêmes, semble raisonner à contexte socio-économique constant, comme s'il était automatiquement favorable aux qualités forestières recherchées (vitalité, diversité biologique...).
D'un côté, donc, la forêt et une vision scientifique et biologique dominante de la gestion durable ; de l'autre, l'homme et ses besoins, et une vision sociale dominante de la gestion durable. A ce jour, ces deux approches dominantes, les définitions qui les résument et les problématiques qui les sous-tendent n'ont pas été réunies dans une approche englobante explicite, ayant pour objet les liens entre les hommes et les forêts, et pour finalité leur gestion optimale, dans le respect des contraintes des premiers et des secondes.

Chaque acception de la gestion durable a sa valeur et chacun est légitime dans les limites de sa définition. La vraie question n'est donc pas tant de savoir qui a raison et qui a tort, mais bien de se demander : face aux enjeux contemporains, qui se prépare et qui s'égare ? L'enjeu n'est donc pas tant de conformité ou de justesse que d'à propos et d'efficacité. Dans quelle mesure chacune de ces acceptions aide-t-elle à une meilleure appréhension et à une résolution effective des problèmes auxquels sont confrontés les forêts et les hommes qui y sont liés ? En quels termes est-il plus avantageux de poser la question de la durabilité ?

De l'usage actuel et potentiel du terme "fonction" dans le secteur forestier

Dans la définition de la gestion durable du processus paneuropéen comme dans la majorité des rapports récents consacrés aux questions forestières, la notion de "fonction" est à l'honneur. Plusieurs documents officiels laissent ainsi entendre que la gestion durable des forêts n'est autre qu'une gestion multifonctionnelle de la forêt, dans laquelle fonctions économiques, écologiques et sociales sont convenablement "gérées", "améliorées" voire "satisfaites". De la multifonctionnalité des forêts européennes découlerait automatiquement leur gestion durable. La seule entorse notable à ce succès sémantique récent se trouve dans les définitions de Rio du développement et de la gestion durable qui, elles, sont centrées sur le terme de "besoins".
Qu'est-ce donc qu'une fonction ? Dans quelle mesure cette notion est-elle applicable aux forêts ? Est-elle pertinente au regard de la gestion durable et des enjeux qui lui sont associés ?

1. Un premier usage du terme fonction est fait par la physiologie. La fonction renvoie alors aux activités d'un organe ou d'un groupe d'organes qui contribuent à entretenir la vie dans un être vivant. Par extension, mais sans que l'analogie soit totale - il ne s'agit plus d'un organisme autonome au sens strict -, fonction désigne également l'activité ou le rôle d'un élément par rapport à un ensemble plus vaste. C'est précisément cette dernière acception de la fonction qui semble inspirer les opérateurs forestiers. Les différentes "productions" de la forêt (paysage, faune, bois, eau, support d'activités récréatives, chasse, contribution au développement local, aux grands équilibres écologiques) sont regroupées par classe d'activités, grands types de contributions ou de rôles... Ainsi, les dites "fonctions de la forêt" constituent en fait un raccourci pour parler des "*fonctions de la forêt pour la société*", mais elles n'existent pas en soi. Recourir au terme de fonction pour parler de forêt revient ainsi à prendre le point de vue de l'observateur extérieur et considérer uniquement les rôles de la forêt, ce qu'elle apporte aux hommes: il s'agit d'une approche essentiellement descriptive.

En conséquence, une plantation monospécifique, de même qu'une réserve intégrale, peuvent toujours être qualifiées de pluri ou multifonctionnelles : toute forêt produit du bois, a une incidence sur la faune, la flore, les grands équilibres de la planète, le paysage, les activités récréatives qui peuvent y être réalisées... En toute rigueur, aucune forêt, aucun mode de gestion sylvicole ne peut être monofonctionnel. Souvent opposée à la spécialisation des espaces pratiquée dans certaines contrées du monde, la multifonctionnalité à l'européenne ne se démarque donc pas tant par son caractère multifonctionnel que par un contenu spécifique. Seules les formes que revêt la multifonctionnalité varient d'une forêt à une autre, d'un contexte socio-économique à un autre, d'une culture forestière à une autre : tout dépend de ce que sont censées recouvrir les différentes catégories ou fonctions forestières. Ces formes ou contenus variables traduisent des manières d'aménager l'espace et des idéaux forestiers différents.

2. La notion de "fonction" aide-t-elle à appréhender les défis forestiers contemporains ?

La définition de la gestion durable du processus paneuropéen semble hésiter entre les deux acceptions de la fonction, précédemment évoquées. La finalité affichée étant de satisfaire les différentes fonctions écologiques, économiques et sociales renvoie au second sens de fonction qui considère les contributions de la forêt pour la société. Mais en estimant que la gestion durable consiste à mettre la forêt dans des conditions (les six critères...) qui permettent à la forêt de satisfaire les différentes fonctions, en somme de bien fonctionner, elle renoue avec l'approche physiologique de la forêt qui appréhende celle-ci comme un "organisme" doté de "fonctions autonomes". Les deux types de fonctions, internes et externes, sont donc plus ou moins assimilées alors qu'elles renvoient à des considérations très différentes. Cette approche de la forêt et de la gestion durable appelle trois remarques :

L'existence d'une fonction respiratoire chez un organisme donné ne présume pas de sa capacité à courir un marathon ou escalader un sommet. Bien que nécessaire à ces fins, la fonction ne garantit pas, à elle seule, *une bonne correspondance entre le mécanisme considéré et le but recherché.* De même, s'il est toujours possible de dire qu'une forêt présente une fonction de production - sous-entendu génère du bois -, rien n'assure *a priori* que le bois produit présente un intérêt au regard des exigences de qualité et de prix du marché. Cette remarque montre que les fonctions d'un espace forestier peuvent exister sans pour autant que les besoins des hommes vis-à-vis de ce même espace soient pleinement satisfaits. *Si l'existence de certaines fonctions assure de fait la satisfaction de certains besoins, rien ne permet de garantir, du seul fait de l'existence de ces fonctions, que tous les besoins soient correctement couverts.* Or, à l'échelle de la planète, les conséquences du décalage entre fonctions et besoins sont toujours plus graves à mesure que croît la pression démographique. Par exemple, la déforestation de pans entiers de forêts tropicales ou la pratique de l'abatis brûlis peuvent précisément s'interpréter comme un décalage entre les "fonctions spontanées" des espaces forestiers et les besoins des hommes vis-à-vis de ces espaces ou plus exactement entre les besoins *satisfaits* grâce aux *fonctions* de la forêt et les besoins *effectifs* des hommes. En effet, si les fonctions des forêts sont capables de fournir des besoins en bois, en gibier ou en plantes médicinales, elles ne répondront pas nécessairement à d'autres besoins alimentaires ou financiers que seule une mise en culture de la terre permettrait d'obtenir. Et plus la pression démographique croît, plus les besoins alimentaires peuvent requérir des formes d'intensification des cultures qui éloignent d'une "gestion douce" de la forêt. L'existence d'une multi ou plurifonctionnalité de la forêt ne résout donc pas tout, loin s'en faut.

Cette différence entre fonction et besoin pourrait paraître utile à établir pour les seuls pays pauvres. Dans les pays riches en effet, l'idée de "besoins vis-à-vis des espaces forestiers", au sens étymologique de "nécessité impérieuse à satisfaire pour raison de survie", n'est plus de mise. Globalement, en matière forestière, les besoins des pays riches sont assurés : les menaces de pénurie de bois, de gibier, de raréfaction de la faune et de la flore, de dégradation des paysages ne sont pas très aiguës. Cela pourrait d'ailleurs rendre compte du succès du discours sur la multifonctionnalité. Cependant, la distinction demeure valable bien qu'elle revête des formes moins nettes. Les enjeux ne portent plus tant sur les conditions élémentaires de survie des personnes que sur la compétitivité des entreprises, la qualité du cadre de vie, la compatibilité de différents imaginaires forestiers, l'aptitude à concilier des préférences d'acteurs en matière forestière, *a priori* antagonistes... Qu'on ne s'y trompe pas : il ne s'agit pas d'un luxe pour pays riche. Le raisonnement qui consiste à considérer que l'état des forêts européennes est déjà si élevé au regard des autres pays du monde reviendrait à considérer qu'un enfant ayant déjà de quoi se nourrir et se vêtir n'a pas besoin au surplus d'un enseignement de qualité, de loisirs, etc. Ce mouvement participe donc d'une évolution d'ensemble à laquelle la forêt n'a aucune raison d'échapper. Les opérateurs forestiers européens ont désormais à gérer non seulement les forêts, mais la satisfaction des aspirations de la société, avec toute la difficulté liée à des *attentes* plus subtiles et plus disparates.

Enfin, une telle conception de la forêt et de la gestion durable laisse penser que les fonctions de la forêt, donc aussi ses productions, s'imposent à l'homme, sont en quelque sorte des lois ou des mécanismes transcendants sur lesquels l'homme n'a pas vraiment de prise. La seule possibilité qui serait laissée à l'homme serait donc de stimuler ces différentes fonctions, d'augmenter leur productivité qu'elle soit de nature écologique, économique ou sociale. Cependant l'art du forestier ne consiste-t-il pas au contraire à utiliser, infléchir la dynamique propre à l'arbre ou à l'écosystème forestier afin d'obtenir ce qu'il cherche vraiment ? Qui ne voit en effet que les caractéristiques des fonctions d'une forêt donnée sont modulables et effectivement modulées en fonction du traitement réservé à cette forêt, la fonction de production d'une plantation conduite de manière dynamique différant par exemple de la fonction de production d'une forêt tropicale ou encore d'une forêt laissée à elle-même? Ces remarques suggèrent de faire de la fonction un autre usage que celui qui en est fait aujourd'hui, de retenir en fait une autre acceptation de la fonction, celle précisément qu'utilisent les mathématiques. *En mathématique, une fonction est ce qui permet de relier ou de mettre en correspondance deux termes ou deux états*. Ainsi, une image plus intéressante de la fonction forestière se fait jour. Avec une telle acception, la fonction forestière s'identifie à l'ensemble des interventions qui permettent de faire passer un territoire aux potentialités forestières données à un état forestier approchant ce qui est vraiment attendu au plan de la conservation d'une espèce donnée, de l'amélioration de la compétitivité de la ressource bois d'un territoire ou de sa qualité paysagère. Impossible alors d'optimiser une fonction sans avoir tenté de préciser au préalable les besoins ou les attentes des groupes humains effectivement concernés par les forêts. Avec une telle approche, le risque d'optimiser ou de maximiser des fonctions pour elles-mêmes, sans véritable interrogation sur le bien-fondé et l'opportunité de l'opération, sans véritable garantie de répondre effectivement à des aspirations et des besoins, serait écarté.

	1. Conception environnementale	2. Conception "intuitive"	3. Conception technico-scientifique
Définition	"Le développement durable est un mode de développement dans lequel les impacts négatifs de l'activité humaine sur l'environnement sont minimisés" ou encore, dans sa version plus positive : "Le développement durable est un mode de développement dans lequel les aspects environnementaux sont correctement pris en compte."	Une forêt est dite gérée durablement quand : - le couvert forestier est permanent, et/ou : - un principe de développement soutenu est mis en œuvre, et/ou : - un itinéraire technique éprouvé est suivi, et/ou: - un plan de gestion existe, et/ou : - un ensemble de dispositifs, d'organismes et de moyens constituent un cadre de gestion performant pour les questions forestières.	**De :** "Les Maîtres des Forests [...] enquerront et visiteront toutes les forêts et bois qui y sont et feront les ventes qui sont à faire, eu regard à ce que lesdites Forests et bois se puissent perpétuellement soustenir en bon estat." (France, extrait de l'Ordonnance Royale édictée à Brunoy par Philippe VI de Valois, le 29 mai 1346). **A :** "Assurer le maintien et la reproduction des potentialités de l'ensemble des composantes d'un écosystème forestier et de son fonctionnement"
Objectif	Minimisation de l'impact négatif des activités humaines sur l'environnement	Maintien du couvert forestier - et/ou - rendement soutenu - et/ou - bon itinéraire technique - et/ou - existence de documents de gestion - et/ou - existence de dispositifs de gestion performants	Maintien de l'intégrité de l'écosystème forestier
Objet central d'intérêt	L'environnement	La forêt elle-même et/ou les documents de gestion et/ou le système de gestion	L'écosystème forestier dans son ensemble
Aspects délaissés ou peu explicités	Les dimensions économiques et sociales, considérées comme des "données"	Les dimensions considérées pour la forêt sont plus ou moins limitées. L'existence d'acteurs influents, porteurs de besoins et d'attentes, hors le propriétaire.	L'existence d'acteurs influents ; leurs besoins et attentes vis-à-vis des forêts Les dimensions économiques et sociales

	4. Conception "fonctionnaliste" du processus intergouvernemental paneuropéen	**5. Conceptions originelles**
Définition	"La gestion durable signifie la gérance et l'utilisation des forêts et des terrains boisés, d'une manière et à une intensité telles qu'elles maintiennent leur diversité biologique, leur productivité, leur capacité de génération, leur vitalité et leur capacité à satisfaire, actuellement et pour le futur, les fonctions écologiques, économiques et sociales pertinentes, au niveau local, national et mondial ; et qu'elles ne causent pas de préjudices à d'autres écosystèmes." *(Processus d'Helsinki sur la gestion durable des forêts, Résolution H1, Conférence ministérielle sur la protection des forêts en Europe, 1993).*	"Les êtres humains sont au centre des préoccupations sur le développement durable". *(Première phrase du Premier Principe de la Déclaration de Rio sur l'Environnement et le Développement)* "Le développement durable est un développement qui répond aux besoins du présent sans compromette la capacité des générations futures à répondre aux leurs". *(rapport Bruntland (1987), approuvé par l'Assemblée Générale des Nations Unies)* "Les ressources et les terrains forestiers doivent être gérés durablement afin de répondre aux besoins sociaux, économiques, écologiques, culturels et spirituels des générations présentes et futures. Ces besoins comprennent le bois et les produits à base de bois, l'eau, les produits alimentaires et fourragers, les médicaments, le combustible, l'abri, l'emploi, les activités récréatives, l'habitat sauvage, la diversité des paysages, le cycle du carbone et les autres cycles, et les autres produits forestiers". *(Principes forestiers, article 2b - CNUED, Rio de Janeiro,1992)*
Objectif	Maintien de l'intégrité de l'écosystème forestier et satisfaction (optimisation ?) des différentes "fonctions"	Satisfaction conjointe de besoins multiples et variés, actuels et futurs, des hommes L'appréhension des interactions entre les sociétés et leur environnement général, notamment les forêts
Objet central d'intérêt	La forêt dans ses grandes composantes et "fonctions"	La société et ses besoins vis-à-vis des forêts
Aspects délaissés ou peu explicités	Les besoins et attentes *réels* des acteurs. Quelle réelle prise en compte du contexte économique et social dans lequel s'inscrivent les questions forestières ?	Les limites propres à l'écosystème ; les conditions biologiques du maintien de son intégrité

Chapitre 2

Analyse comparée des grandes démarches internationales

Depuis quelques années, au plan international, l'approche principale voire exclusive de la gestion durable des forêts consiste à définir des critères et des indicateurs[13]. Pourtant, les notions de critères et indicateurs se remarquent à peine dans les quelques 800 pages de documents consensuels issus de Rio. L'idée de critère n'est évoquée qu'une seule fois dans *l'Agenda 21* et les *Principes forestiers*, où elle n'occupe de surcroît qu'une place secondaire[14]. Quant à l'idée d'indicateur,

---

[13] Pour une définition des notions de critère et indicateur, cf. p.48

[14] Chapitre 11 "Combattre la déforestation", section 11.23b de *l'Agenda 21*: Les gouvernements ont accepté d'entreprendre, en coopération avec des groupes d'intérêts particuliers, "*la formulation de* ***critères*** *de valeur scientifique éprouvée ainsi que des directives concernant la gestion, la conservation et le développement durable de tous les types de forêts*".
Article 8d des "Principes forestiers" : " *la gestion et l'exploitation durables des forêts devraient être mises en œuvre dans le respect des politiques et priorités nationales de développement, selon les orientations générales respectueuses de l'environnement et arrêtées au niveau national. Dans la formulation de tels principes, il convient de prendre en considération les*

seule la toute dernière rubrique de *l'Agenda 21* - la quarantième - intitulée "*Information pour l'aide à la décision*" invite les différents pays à concevoir des indicateurs de développement durable. Rien dans les textes fondateurs ne laissait prévoir un tel engouement[15] : que s'est-il passé ?
Cette approche générale, reposant sur la définition de critères et indicateurs, s'exprime dans deux grands types de démarches internationales. Le premier type relève de la sphère publique et présente un caractère très officiel puisqu'il correspond à des processus intergouvernementaux, placés sous l'égide de la Commission des Nations Unies pour le Développement Durable[16]. Le second type procède d'opérateurs privés qui tentent d'établir les principes et fondements d'une certification de la gestion durable des forêts. Les caractéristiques de ces deux grandes démarches internationales, censées œuvrer en faveur d'une gestion durable des forêts, sont exposées et analysées au travers des initiatives les plus significatives.

---

*méthodologies et **critères** pertinents, qui ont fait l'objet d'un accord au plan international, lorsqu'ils sont judicieux et applicables.*"

[15] Le succès de l'approche par critères et indicateurs semble devoir aller bien au-delà du seul domaine forestier. Déjà la démarche par indicateurs connaît un très grand essor depuis quelques années. Le département des Nations Unies en charge de la coordination des politiques et du développement durable a produit un jeu de 134 indicateurs. La France s'est d'ailleurs proposée comme "pays-test" pour ce jeu d'indicateurs et l'Institut Français pour l'Environnement (I.F.E.N.) a produit en juin 1998 un rapport sur le sujet, en distinguant méticuleusement les quatre têtes de chapitre : "indicateurs sociaux", "indicateurs économiques", "indicateurs environnementaux", "indicateurs institutionnels". Plus généralement, l'approche par indicateurs se retrouve aujourd'hui dans de très nombreuses disciplines relatives à la gestion des milieux naturels et sur de très nombreuses problématiques.

[16] Créée en 1993 par le Conseil Economique et Social des Nations Unies, cette commission est un organisme intergouvernemental composé de 53 pays membres. Elle a pour mission de suivre l'application des engagements de la Conférence de Rio par les Etats signataires et d'accompagner l'approfondissement des débats sur certains aspects. La C.D.D. s'est réunie une fois par an depuis sa création.

1. PRESENTATION DES DEUX GRANDS TYPES DE DEMARCHES INTERNATIONALES

1.1. Les processus intergouvernementaux

Le Sommet de la Terre n'a pas abouti à un instrument juridiquement contraignant pour les Etats forestiers du monde. Seuls des "Principes forestiers non contraignants, mais validés par l'ensemble des participants" ont pu voir le jour. Néanmoins, le retentissement donné à la notion de développement durable par le Sommet de la Terre, et les engagements pris alors par les Etats, ont conduit à la légitimation ou à l'émergence de nombreuses initiatives en faveur des forêts. Devant la difficulté d'appréhender la notion floue de gestion durable, le souci premier de ces initiatives a été de lui donner un *contenu.* L'identification de critères et d'indicateurs est censée permettre une caractérisation de la gestion durable.

Sous l'impulsion de quelques pays sont apparus des processus régionaux auxquels se sont rapidement ralliés d'autres Etats. Chacun de ces processus vise à définir pour chaque grande région ou type forestier du monde, des critères et indicateurs adaptés. En définitive, les espaces forestiers de la Terre ont été répartis en sept grands processus régionaux[17] : Helsinki, Montréal, Tarapoto, O.I.B.T.[18] Zones sèches d'Afrique, Afrique du Nord et du Proche-Orient, Amérique Centrale (Cf. p. II du cahier couleur). Afin d'assurer une certaine harmonisation dans ces initiatives, la Commission du Développement Durable a estimé, lors de sa troisième session d'avril 1995, qu'il était opportun de créer une instance de dialogue au niveau international, spécialisée sur les questions forestières. Ainsi devait naître le Groupe Intergouvernemental sur les Forêts (G.I.F.) auquel était confié l'approfondissement de cinq grandes

[17] Le terme "régional" est pris dans le sens de "grande région géographique du monde" et non dans son sens restreint de portion d'un pays.

[18] Organisation Internationale des Bois Tropicaux.

thématiques[19]. Au même moment, la C.D.D. estimait que le développement de critères et indicateurs constituait l'une des tâches majeures du Groupe Intergouvernemental sur les Forêt ; l'O.A.A. (Organisation des Nations Unies pour l'Alimentation et l'Agriculture, plus connue sous son sigle anglais F.A.O.) a été désignée pour apporter son soutien technique au G.I.F.
Parmi les sept grands processus régionaux existants, le processus d'Helsinki, rebaptisé dernièrement "processus paneuropéen", est sans doute le plus avancé. Trente-six pays européens y prennent part. Ce processus bénéficie d'un statut très officiel puisqu'il s'adosse à un cycle de "*Conférences Ministérielles pour la Protection des Forêts en Europe*". Bien que le travail de fond soit réalisé par des experts, issus principalement des administrations forestières de chaque pays, les résultats sont régulièrement validés au plan politique par les Ministres en charge des questions forestières. Le grand dynamisme de ce processus lui a valu d'inspirer très largement les autres processus régionaux, pour le choix des critères et des indicateurs, et leur architecture générale. De sorte que les productions de ces divers processus s'avèrent en définitive très similaires[20]. Aussi, seul le processus paneuropéen sera vraiment approfondi ici.

---

[19] Les cinq thèmes de travail du Groupe Intergouvernemental sur les Forêts sont :
- La mise en œuvre des décisions de la CNUED relatives aux forêts au niveau national et international, en prenant en compte les relations intra et intersectorielles.
- La coopération internationale dans les domaines de l'aide financière et du transfert de technologie.
- La recherche scientifique, l'évaluation des forêts et le développement de critères et d'indicateurs pour la gestion forestière durable.
- Le commerce et l'environnement relatifs aux produits et services forestiers.
- Les organisations internationales, les institutions et instruments multilatéraux, y compris les mécanismes légaux appropriés.

[20] Se reporter pour s'en convaincre à la mappemonde des processus intergouvernementaux, au tableau résumant leurs caractéristiques et à l'architecture critères/éléments/indicateurs de l'aménagement durable des forêts au Canada (cf. p. 45 et p. III du cahier couleur).

Aperçu des principales caractéristiques des grands processus gouvernementaux d'élaboration de C&I dans le monde

	1		2	3
Date de création	**1992**		**1994**	**1995**
Niveau institutionnel	**OIBT** Conseil de l'OIBT		**Processus Paneuropéen** Pays signataires des résolutions H1 et H2 de la Conférence d'Helsinki	**Processus de Montréal** Réflexions libres d'un groupe de pays
Zone de référence	Pays producteurs OIBT Forêts tropicales		Europe Forêts boréales, tempérées et méditerranéen-nes	Divers pays * Forêts boréales et tempérées
Surface des forêts concernées (millions d'hectares)	1 300		900	1 500
Niveau de référence	national	unité de gestion	national + recommanda-tions à l'échelle opérationnelle	national
Nombre de critères	5	6	6	7
Nombre d'indicateurs	27	23	27 (quantitatif)	67

Source : FAO - State of the World's forests Rome, 1997 et CDD - Documents of the third session of IPF ; Criteria and Indicators for Sustainable Forest Management (advanced United Version)

* *Argentine, Australie, Canada, Chili, Chine, Etats Unis, Japon, Mexique, Nouvelle Zélande, Rép. de Corée, Russie, Uruguay*

4			5	6	7	
1995			*1995*	*1996*	*1997*	
Processus de Tarapoto Pays signataires du traité de coopération amazonienne			**Processus Zones sèches d'Afrique** Réunions d'experts PNUE-FAO avec 27 pays d'Afrique et 3 groupements régionaux (CILSS - IGADD - SADC)	**Processus Afrique du Nord et du Proche-Orient** Réunions d'experts FAO-PNUE	**Processus Amérique centrale** Réunions d'experts FAO-PNUE-CCAD	
Bassin amazonien Forêts tropicales			Afrique subsaharienne Forêts en zone aride ou sèche	Forêts de climat méditerra-néen	Forêts d'Amérique centrale	
540			280	70	20	
global	national	unité de gestion	national	global national	régional	national
1	7	4	7	7	4	8
7	37	22	47	65	40	52

Analyse des productions d'un processus intergouvernemental consacré à la gestion durable des forêts : le processus paneuropéen

Le processus paneuropéen s'est doté de sa propre définition de la gestion durable, comme suit :

"La gestion durable signifie la gérance et l'utilisation des forêts et des terrains boisés, d'une manière et à une intensité telles qu'elles maintiennent leur diversité biologique, leur productivité, leur capacité de régénération, leur vitalité et leur capacité à satisfaire, actuellement et pour le futur, les fonctions écologiques, économiques et sociales pertinentes, aux niveaux local, national et mondial ; et qu'elles ne causent pas de préjudices à d'autres écosystèmes". (Résolution H1 de la conférence d'Helsinki, 1993).

Les experts de ce processus ont adopté en 1994 six grands critères, 27 indicateurs quantitatifs et un ensemble d'indicateurs descriptifs (cf. p. IV du cahier couleur et p. 51). Les indicateurs quantitatifs sont suffisamment précis pour permettre des mesures selon des méthodes fiables : part du secteur forestier dans le Produit national Brut ; proportion de surface forestière gérée pour la protection des sols, de l'eau ; stockage total de carbone par les peuplements forestiers ; volume total de bois sur pied... A l'opposé, les indicateurs descriptifs renvoient systématiquement à l'existence, au degré d'avancement ou à l'efficacité d'un cadre juridique et réglementaire, d'un cadre institutionnel ou d'instruments de politique adaptés à l'aspect considéré, d'un dispositif de suivi, de mise à disposition d'informations. Il s'agit donc d'indicateurs institutionnels, relatifs au cadre général, économique, politique ou organisationnel. Ces critères et indicateurs sont définis pour appréhender les questions forestières à l'échelle nationale (cf. p. 56).

En juin 1998, à Lisbonne, la troisième conférence ministérielle pour la protection des forêts a entériné ce jeu de critères et indicateurs, ainsi qu'une liste de recommandations au niveau opérationnel (cf. p. 61). Ces recommandations s'efforcent de *"transposer les engagements internationaux au niveau de la planification de la gestion forestière et des pratiques forestières". Primitivement conçues à "l'échelle de l'unité de gestion"*, leur dénomination a été corrigée : il s'agit désormais de "recommandations au niveau opérationnel".

Pourquoi des critères et des indicateurs ?
Les documents internationaux, notamment le rapport du séminaire intergouvernemental sur les critères et indicateurs tenu à Helsinki en août 1996 donne pour définitions officielles des critères et indicateurs :

"De façon générale, le critère signifie un aspect considéré comme important et par lequel on pourra juger un succès ou un échec. Les critères servent à définir les éléments essentiels ou l'ensemble des conditions ou les processus par lesquels la gestion durable peut être jugée".

"Un indicateur signifie une mesure quantitative, qualitative ou descriptive, qui, mesurée et surveillée périodiquement, montre la direction du changement".

Partant de ces définitions, les documents issus du Groupe Intergouvernemental sur les Forêts (G.I.F.), de même que ceux issus de sept grandes initiatives régionales, attribuent deux finalités majeures à la démarche par critères et indicateurs. La formulation de critères et indicateurs vise à :

1. *"fournir une compréhension commune, ainsi qu'une définition implicite de ce qu'est une gestion durable des forêts" ;*

2. *"constituer un outil de compte-rendu pour observer les tendances de l'état de la forêt et de la gestion forestière. Critères et indicateurs permettent d'aider à l'orientation des politiques en matière de forêt et d'environnement, de recherche, et guident les pratiques forestières vers une gestion durable de la forêt correspondant aux attentes de la société".*

Le souci est donc double : définir d'une part ; caractériser les situations et suivre les évolutions d'autre part. Les documents soulignent que *"les critères et indicateurs ne constituent pas une fin en soi, mais doivent être considérés comme des outils pour assurer une gestion forestière durable".*

Les caractéristiques des critères, des indicateurs et des recommandations au niveau opérationnel

L'examen des six critères du processus paneuropéen et des indicateurs associés révèle la conception sous-jacente de la gestion durable qui inspire les experts de ce processus : l'objectif assez manifeste est de *conserver l'intégrité des écosystèmes forestiers, afin notamment de leur permettre de continuer à assumer leurs diverses fonctions.*

Les cinq premiers critères sont en effet centrés sur la forêt elle-même. Avec le premier critère se manifeste tout d'abord la volonté de maintenir l'espace forestier lui-même (dispositif légal assurant une protection des forêts et autres instruments et dispositifs susceptibles d'y concourir) ; l'impact des forêts sur la fixation du CO_2 y est associé. Le second critère s'intéresse à la santé et à la vitalité des forêts ; le troisième est consacré au maintien et au développement des fonctions productives de la forêt, en bois et autres produits que le bois (indicateurs associés : existence d'instruments financiers et fiscaux favorables à l'investissement en forêt...) ; le quatrième s'intéresse à la diversité biologique des écosystèmes forestiers ; le cinquième est dédié aux fonctions de protection des forêts, notamment pour les sols et l'eau. C'est finalement dans un sixième et dernier critère, intitulé "maintien d'autres bénéfices et conditions socio-économiques" que sont rassemblés les aspects qui vont au-delà de la forêt elle-même. Ce critère regroupe pêle-mêle des considérations aussi variées que "les dimensions récréatives des forêts ; le rôle pour l'emploi ; la recherche et l'éducation ; la conscience du public et, juste avant la dernière rubrique consacrée aux valeurs culturelles, la participation du public aux choix, institutions et réglementations forestières (cf. p. 56). Quant aux indicateurs associés, une minorité consiste à suivre des résultats concrets, mais la plupart sont de nature descriptive et s'expriment sous la forme de l'existence de dispositifs réglementaires, de programmes ou d'institutions destinés à gérer l'aspect considéré, à le suivre ou à fournir des informations. *A aucun moment, pour les critères comme pour les indicateurs, le niveau à atteindre et/ou le degré d'efficacité recherché n'est précisé.*

Une attention particulière doit être accordée au document intitulé "*Recommandations paneuropéennes pour une gestion durable des forêts au niveau opérationnel*"[21]. Obtenues par déclinaison des critères et indicateurs de gestion durable au niveau opérationnel, ces recommandations sont regroupées en deux grandes catégories : (1) des recommandations relatives à la planification et aux procédures de gestion forestières ; (2) des recommandations plus concrètes, relatives aux pratiques forestières. Leur élaboration tient pour une bonne part au débat sur la certification. Poussés par le courant de la certification et les demandes de certains responsables forestiers soucieux d'éviter les schémas promus par les O.N.G., les experts forestiers du "Processus paneuropéen" ont souhaité mettre à la disposition des acteurs forestiers des éléments susceptibles d'être utilisés en vue d'une certification à l'échelle d'un propriétaire forestier.

[21] Annexe 2 de la résolution L2.

Les 6 critères du Processus Paneuropéen et les indicateurs associés

Critère	Domaine de concept	Nombre d'indicateurs quantitatifs + descriptifs
1. conservation et amélioration appropriée des **ressources forestières** et de leur cycles mondiaux de carbone	1.1 capacité générale 1.2 aménagement du territoire et zone forestière 1.3 volume sur pied 1.4 équilibre du carbone	0+4 1+4 3+4 1+4
2. maintien de la **santé** et de la **vitalité** des écosystèmes forestiers		7+4
3. maintien et encouragement des **fonctions de production** des forêts (bois et hors bois)	3.1 production de bois 3.2 autres produits que le bois	2+4 1+4
4. maintien, conservation et amélioration appropriée de la **diversité biologique** dans les écosystèmes forestiers	4.1 conditions générales 4.2 écosystèmes forestiers représentatifs, rares et vulnérables 4.3 espèces menacées 4.4 diversité biologique dans les forêts de production	0+4 1+4 1+4 3+4

Critère	Domaine de concept	Nombre d'indicateurs quantitatifs + descriptifs
5. maintien et amélioration appropriée des **fonctions de protection** dans la gestion des forêts (notamment sol et eau)	5.1 protection générale 5.2 érosion du sol 5.3 conservation de l'eau dans les forêts	0+4 1+4 1+4
6. maintien **d'autres bénéfices et conditions socio-économiques**	6.1 signification du secteur forestier 6.2 service de récréation 6.3 emploi 6.4 recherche et formation professionnelle 6.5 sensibilisation du public 6.6 participation du public 6.7 valeurs culturelles	1+4 1+4 1+4 0+4 0+4 0+4 0+4

Total : 27 indicateurs quantitatifs et un ensemble d'indicateurs descriptifs

1.2 Les systèmes de certification forestière

La certification est une procédure de vérification de la conformité d'une situation donnée, d'un système de gestion ou de production, d'une compétence... à un cahier des charges préétabli. *Certifier consiste à "attester que ce qui est dit est vrai".* Un tiers indépendant est généralement requis pour faire cette évaluation de conformité. Dans le cas des forêts, la démarche de certification forestière s'emploie à vérifier que "l'objet forestier" est bien conforme à un cahier des charges de "bonne gestion forestière" ou de "gestion durable". Si toutefois un opérateur souhaite valoriser cette démarche sur les produits mis sur le marché, de manière à toucher directement le consommateur final, il lui faudra recourir à un label. La délivrance du label suppose, outre l'existence d'une certification forestière, le suivi du matériau bois tout au long de la chaîne de transformation, ce que les spécialistes nomment "vérification de la *traçabilité*". C'est seulement quand l'origine "gestion durable" du matériau bois constitutif d'un produit commercialisé est identifiée que la procédure de labellisation peut avoir lieu. (cf. p. V du cahier couleur).

En l'espace de quelques années, un grand nombre de schémas de certification forestière sont apparus dans le monde. Les différences entre ces schémas sont de trois types :

La première grande différence tient à la zone potentielle d'application du dispositif considéré. En première approximation, trois cas de figures peuvent être distingués :

1. le schéma est conçu spécialement pour un pays ou par certains opérateurs d'un pays (il en va ainsi des dispositifs de certification du Canada, de l'Indonésie ou de certains opérateurs suédois relevant de la propriété forestière familiale privée) ;

2. le dispositif est conçu pour une grande région géographique du monde (ainsi le dispositif P.E.F.C., lancé en août dernier par plusieurs représentants de la propriété forestière privée d'Europe) ;

3. le dispositif est conçu pour l'intégralité des situations forestières du monde (cas du F.S.C. soutenu par plusieurs grandes O.N.G. internationales de conservation de la nature).
Une seconde différence entre ces dispositifs tient aux aspects forestiers couverts par la certification. Une séparation peut être établie entre les dispositifs de certification qui mettent de préférence l'accent sur les aspects environnementaux et les dispositifs qui s'intéressent à la gestion durable dans son ensemble, les aspects environnementaux constituant alors une partie seulement des éléments considérés par le dispositif.

Enfin, une dernière distinction importante est à considérer en fonction de la nature générale du cahier des charges en vue d'une certification. Certains dispositifs de certification considèrent avant tout les caractéristiques du système de gestion d'un problème, c'est-à-dire l'ensemble des dispositifs, protocoles et moyens visant à gérer de manière efficace un problème ou un projet. On parle alors de certification de procédure ou de système de gestion. Les normes de type ISO[22] - des *normes de procédures* - reposent sur ce principe général : la norme vise à éprouver la qualité générale du système de gestion d'un aspect considéré au regard d'un cahier des charges prescrivant une "démarche qualité" générale s'appuyant sur un principe d'amélioration continue ; elle se garde bien en revanche de prescrire des *"objectifs qualité"* à atteindre ; la formulation de ces derniers est entièrement du ressort du ou des responsables de l'organisme qui cherchent à mettre en œuvre la norme. A l'opposé se trouvent des schémas de certification qui donnent la préséance aux résultats obtenus et observables dont ils vérifient la conformité à des niveaux d'exigence ou de performance prédéfinis. On parle alors de *normes de performance*. Dans le cas des forêts, les schémas de certification combinent souvent des éléments de procédure et des éléments de performance, dans des proportions variables

[22] International Standard Organization, connue notamment au travers de sa série de normes qualité *ISO 9001* et *9002*, et plus récemment sa norme de gestion du système d'environnement ISO 14 001.

cependant. La certification F.S.C. par exemple donne une part très importante aux éléments de performance.

Le texte qui suit se limite à l'étude de deux systèmes, le Forest Stewardship Council et le Pan European Forest Certification System. Deux raisons principales plaident en faveur du choix de ces deux systèmes : l'étendue géographique potentielle de leur champ d'application ; leur vocation à certifier la gestion durable des forêts plutôt que des aspects forestiers singuliers tels que les aspects environnementaux. En outre, les réflexions que suscite l'examen de ces deux dispositifs demeurent valables, dans une large mesure, pour les autres systèmes de certification.
(suite p. 62)

Critères du processus Pan Européen : détails des critères 3 et 6

Note préliminaire : les critères et indicateurs quantitatifs ont été adoptés au niveau des experts à la Première réunion de suivi des experts de la Conférence d'Helsinki qui s'est tenu à Genève le 24 juin 1994. Les indicateurs descriptifs ont été adoptés au niveau des experts pour un usage éventuel à la Deuxième réunion de suivi des experts de la Conférence d'Helsinki, qui s'est tenue à Antalaya le 23 janvier 1995.

Critère 3
Maintien et Encouragement des Fonctions de Production des Forêts (bois et hors bois)

DOMAINE DE CONCEPT : PRODUCTION DE BOIS

Indicateurs quantitatifs

1. Equilibre entre la croissance et la récolte de bois au cours des 10 dernières années
2. Pourcentage des forêts gérées selon un plan de gestion ou des principes de gestion

Indicateurs descriptifs (exemples)

1. Cadre juridique et réglementaire : existence et degré auquel il encourage les propriétaires forestiers à pratiquer une foresterie respectueuse de l'environnement basée sur un plan de gestion forestière ou des lignes directrices équivalentes
2. Cadre institutionnel : existence et capacité pour créer des institutions et des mécanismes préconisant les facteurs économiques, environnementaux et sociaux comme éléments essentiels de la production du bois et créer et maintenir une infrastructure physique efficace pour faciliter la livraison des produits et services forestiers
3. Cadre de politique économique et instruments financiers : existence et degré auquel ils soutiennent des politiques d'investissements et de taxation qui reconnaissent la nature de long terme des investissements dans la foresterie et soutiennent des politiques commerciales non discriminatoires pour les produits forestiers
4. Moyens d'information pour mettre en œuvre le cadre de politique : existence et capacité d'améliorer les technologies et les plans basés sur de propres inventaires forestiers

DOMAINE DE CONCEPT : AUTRES PRODUITS QUE LE BOIS

Indicateurs quantitatifs

1. Quantité totale et changements dans la valeur et/ou dans la quantité de la récolte de produits forestiers en dehors du bois (par exemple chasse et gibier, liège, baies et champignons, etc.)

Indicateurs descriptifs (exemples)

1. Cadre juridique et réglementaire : existence et degré auquel il fournit les instruments juridiques pour réglementer les pratiques de la gestion forestière pour la récréation et la récolte d'importants produits forestiers autres que le bois
2. Cadre institutionnel : existence et capacité pour soutenir les organisations appropriées pour les services extérieurs concernant les avantages des produits autres que le bois
3. Cadre de politique économique et instruments financiers : existence et degré auquel ils permettent la mise en œuvre des lignes directrices de la gestion des avantages des produits autres que le bois
4. Moyens d'information pour mettre en œuvre le cadre de politique : existence et capacité de développer des plans de gestion pour les avantages des produits autres que le bois

Critère 6
Maintien d'autres bénéfices et conditions socio-économiques

DOMAINE DE CONCEPT : SIGNIFICATION DU SECTEUR FORESTIER

Indicateurs quantitatifs

1. Part du secteur forestier dans le produit national brut

Indicateurs descriptifs (exemples)

1. Cadre juridique et réglementaire : existence et degré auquel il fournit des instruments juridiques pour assurer le développement du secteur forestier
2. Cadre institutionnel : existence et capacité pour créer et maintenir une infrastructure physique efficace pour faciliter l'approvisionnement en produits forestiers
3. Cadre de politique économique et instruments financiers : existence et degré auquel ils assurent de nouveaux investissements dans le secteur forestier pour répondre aux demandes futures
4. Moyens d'information pour mettre en œuvre le cadre de politique : existence et capacité à développer et mettre en pratique une nouvelle

technologie améliorée et d'effectuer une analyse de marché pour mieux satisfaire aux besoins de la société

DOMAINE DE CONCEPT : SERVICES DE RECREATION

Indicateurs quantitatifs
1. Mise à disposition d'équipements récréatifs : surface forestière librement accessible par habitant, pourcentage de la surface forestière totale

Indicateurs descriptifs (exemples)
1. Cadre juridique et réglementaire : existence et degré auquel il reconnaît les droits coutumiers et traditionnels du peuple indigène et fournit les moyens de résoudre les litiges concernant l'accès
2. Cadre institutionnel : existence et capacité pour entreprendre une planification et une évaluation dans les services de récréation sur la foresterie
3. Cadre de politique économique et instruments financiers : existence et degré auquel ils soutiennent les sections de la foresterie pour conserver les valeurs environnementales, culturelles, sociales et scientifiques spéciales en relation avec les services de récréation
4. Moyens d'information pour mettre en œuvre le cadre de politique : existence et capacité d'effectuer une évaluation sur la récréation

DOMAINE DE CONCEPT : EMPLOI

Indicateurs quantitatifs
1. Changements dans le taux d'emploi dans le secteur forestier, notamment dans les zones rurales (personnes employées dans la foresterie, les coupes, les industries du bois)

Indicateurs descriptifs (exemples)
1. Cadre juridique et réglementaire : existence et degré auquel il fournit des instruments juridiques pour assurer des niveaux de revenus dans le secteur forestier
2. Cadre institutionnel : existence et capacité pour former et maintenir des ressources humaines compétentes pour toutes les tâches appropriées
3. Cadre de politique économique et instruments financiers : existence et degré auquel ils soutiennent les programmes destinés à assurer l'emploi s rattachant à la foresterie dans les zones rurales
4. Moyens d'information pour mettre en œuvre le cadre de politique : existence et capacité à assurer une bonne part des revenus provenant de produits autres que le bois venant de sources rurales de revenus

Domaine de concept : Recherche et formation professionnelle

Indicateurs quantitatifs : aucun
Indicateurs descriptifs (exemples)

1. Cadre juridique et réglementaire : existence et degré auquel il fournit des programmes nationaux pour la recherche et la formation professionnelle
2. Cadre institutionnel : existence et capacité pour créer et maintenir des instruments institutionnels pour améliorer la recherche et la formation forestières
3. Cadre de politique économique et instruments financiers : existence et degré auquel ils fournissent un financement public et privé pour les programmes de recherche, de formation et supplémentaires
4. Moyens d'information pour mettre en œuvre le cadre de politique : existence et capacité à garantir un nombre suffisant de personnes formées à différents niveaux de la foresterie et de la formation interdisciplinaire

Domaine de concept : Sensibilisation du public

Indicateurs quantitatifs : aucun
Indicateurs descriptifs (exemples)

1. Cadre juridique et réglementaire : existence et degré auquel il fournit des occasions d'accès du public à l'information
2. Cadre institutionnel : existence et capacité pour renforcer les organisations en vue de fournir des services supplémentaires au grand public
3. Cadre de politique économique et instruments financiers : existence et degré auquel ils garantissent qu'une part des revenus forestiers est réinvestie dans l'information du public sur les forêts
4. Moyens d'information pour mettre en œuvre le cadre de politique : existence et capacité à soutenir l'enseignement et l'information sur les questions environnementales et les autres sujets qui se rattachent à la foresterie

Domaine de concept : Participation du public

Indicateurs quantitatifs : aucun
Indicateurs descriptifs (exemples)

1. Cadre juridique et réglementaire : existence et degré auquel il fournit des possibilités de participation du public à la politique officielle et aux prises de décision sur les forêts
2. Cadre institutionnel : existence et capacité pour renforcer les mécanismes institutionnels pour la participation de la population locale et des organisations non gouvernementales dans les prises de décision

3. Cadre de politique économique et instruments financiers : existence et degré auquel ils attirent la participation du public à la planification préparatoire
4. Moyens d'information pour mettre en œuvre le cadre de politique : existence et capacité d'améliorer la participation du public dans les processus de prise de décision se rattachant à la mise en œuvre de la politique forestière

Domaine de concept : Valeurs culturelles

Indicateurs quantitatifs : aucun
Indicateurs descriptifs (exemples)
1. Cadre juridique et réglementaire : existence et degré auquel il fournit des programmes et des lignes directrices de gestion qui reconnaissent le patrimoine culturel en rapport avec la foresterie
2. Cadre institutionnel : existence et capacité pour élaborer et maintenir des programmes pour conserver les sites et les paysages de valeur culturelle
3. Cadre de politique économique et instruments financiers : existence et degré auquel ils fournissent des motivations financières suffisantes pour la reconnaissance des valeurs culturelles dans la planification de la gestion forestière
4. Moyens d'information pour mettre en œuvre le cadre de politique : existence et capacité à mener des études sur la proportion des sites ayant une valeur culturelle et des sites ayant une valeur visuelle spéciale

Recommandations Pan Européennes pour une gestion forestière durable au niveau opérationnel

Adopté au niveau des experts à la Cinquième réunion préparatoire de la Conférence de Lisbonne, à Genève, les 27-29 avril 1998

Exemple du critère 3 : **Maintien et encouragement des fonctions de production des forêts (bois et hors bois)**

3.1. Recommandations pour la planification de la gestion forestière

a. la planification de la gestion forestière devrait tendre à maintenir la capacité des forêts à produire une gamme de services et produits, ligneux ou non, sur une base durable.

b. La planification de la gestion forestière devrait tendre à assurer une performance économique saine en tenant compte des possibilités des nouveaux marchés et des activités économiques touchant tous les biens et services forestiers correspondants.

c. Les plans de gestion forestière ou leurs équivalents devraient prendre en compte les différents usages ou fonctions des zones boisées sous gestion. La planification de la gestion forestière devrait faire usage des instruments de politiques créés pour encourager la production de biens et services forestiers, commercialisables ou non.

3.2. Recommandations pour les pratiques de gestion forestière

a. La qualité des pratiques de gestion forestière devrait être assurée dans le but de préserver et d'améliorer les ressources forestières et d'encourager à long terme une production diversifiée de biens et services.

b. Les opérations de régénération, d'entretien et d'exploitation devraient être réalisées en temps opportun et de manière à ne pas réduire la capacité productive du site, par exemple, en évitant de causer des dégâts dans les peuplements et arbres restants, de même qu'aux sols des forêts, grâce à l'emploi de moyens adéquats.

c. Les niveaux d'exploitation des produits, tant ligneux que non ligneux, ne devraient pas dépasser un rythme tel qu'il puisse être maintenu à long terme et il conviendrait de faire un usage optimal des produits forestiers exploités en tenant dûment compte du prélèvement de nutriments.

d. Il conviendrait de planifier, créer et entretenir une infrastructure adéquate, telles que routes, pistes de débardage ou ponts, afin d'assurer un écoulement efficace des biens et services tout en minimisant les impacts négatifs sur l'environnement.

Le cas du F.S.C.

Fondé en 1993, le Forest Stewardship Council (Conseil de Bonne Gestion Forestière) est une Organisation Non Gouvernementale. Les grandes O.N.G. internationales de protection de la nature, en particulier le W.W.F.[23], ont joué un rôle déterminant dans sa création, puis son développement. Basée au Mexique, l'organisation est soumise au contrôle d'un bureau composé de trois collèges (un collège environnemental et social composé d'O.N.G. de conservation de la nature et un collège économique composé à ce jour essentiellement de grands industriels papetiers et de distributeurs de produits à base de bois). Chacune des composantes de ce bureau dispose d'un tiers des pouvoirs de vote.

Trois grandes rôles ont été attribués au F.S.C. par ses membres :
– Premièrement, il définit les grandes composantes d'une gestion durable des forêts, valables au plan mondial. Ces composantes correspondent à un ensemble de 10 principes assortis de critères spécifiques (cf. p. 65).
– Ce document sert de cadre général à la négociation du cahier des charges pour une certification. La notion de consensus entre l'ensemble des parties concernées par la forêt est au cœur de la négociation de ce cahier des charges. Théoriquement, cette négociation se déroule au plan national pour chaque pays. Une fois le consensus obtenu, le cahier des charges fait l'objet d'un examen par le F.S.C. : le second rôle de l'organisme consiste donc à entériner les cahiers des charges conçus par

---

[23] Célèbre par son logo - un grand panda - le World Wildlife Fund (Fonds Mondial pour la Nature) est la plus grande organisation non gouvernementale de conservation de la nature. Depuis sa création en 1961, le W.W.F. a recueilli 525 millions de dollars, investis dans quelques 11 000 projets, répartis dans 149 pays. Les ressources financières de l'O.N.G. proviennent principalement de dons, legs et contributions privées ; à ce jour, le W.W.F. compte 4,7 millions de membres à travers le monde. Sa présence est assurée dans 23 pays par des organisations nationales. Le Président d'honneur du W.W.F. est le Prince Philippe.

négociation entre acteurs dans chaque pays. S'il est reconnu conforme aux principes d'établissement préconisés par l'O.N.G., ce cahier des charges servira de support à la procédure de certification. A ce jour, de tels cahiers des charges nationaux n'ont été établis qu'au Royaume Uni et en Suède. Bien que dans ce dernier pays, les représentants de la propriété forestière aient rejeté le document final, le directoire du F.S.C. a cependant décidé de confirmer la valeur du cahier des charges discuté pendant près de deux ans entre parties intéressées par les forêts, comme référence nationale. Dans tous les cas où un tel cahier des charges national est inexistant, il appartient au certificateur reconnu par le F.S.C. de concevoir lui-même le document de référence pour la certification, dans le cadre des principes et critères généraux du F.S.C.
Enfin, le F.S.C. est également un organisme d'accréditation : il accrédite les organismes certificateurs désireux d'intervenir dans le domaine forestier, après avoir éprouvé leur aptitude à le faire, en particulier leur stricte indépendance au regard des opérateurs forestiers.

A ce jour, environ 10 millions d'hectares de forêts ont reçus une certification F.S.C. dans le monde. Les forêts correspondantes sont pour l'essentiel de grandes propriétés forestières appartenant à des industriels, des Etats, des collectivités ou des particuliers[24] (cf. p. VI du cahier couleur).

Parallèlement au fonctionnement du dispositif F.S.C., le W.W.F. effectue un travail en profondeur afin de promouvoir la certification forestière et la labellisation des produits à base de bois selon les standards du F.S.C. Sont concernés par ce travail de sensibilisation le grand public et les décideurs de manière générale ; mais aussi et surtout, les distributeurs, grossistes, producteurs de magazines et autres acheteurs importants de bois ou de produits à base de bois. Pour ces derniers, l'effort du W.W.F. se concentre sur la réalisation de *groupes d'acheteurs*

---

[24] A lui seul, l'industriel suédois Assidöman a fait certifier l'intégralité de ses possessions forestières, soit près de 2,8 millions d'hectares.

nationaux. Les adhérents à ces groupes s'engagent dans une *charte* à acheter ou commercialiser, dans un délai plus ou moins bref, tout ou partie de produits issus de forêts certifiées selon les standards du F.S.C. Par cette action, le W.W.F. exerce une forte pression sur un nombre croissant de fournisseurs et fabricants de produits à base de bois, qui, à leur tour, se retournent vers les professionnels de la forêt qu'ils pressent de recourir à une certification forestière reposant sur les principes du F.S.C. A ce jour, de tels groupes d'acheteurs sont instaurés dans une vingtaine de pays.[25]

[25] Les pays concernés sont : Royaume-Uni, Canada, Danemark, France, Belgique, Japon, ...

LES 10 PRINCIPES DU FOREST STEWARDSHIP COUNCIL (F.S.C.)

Principe 1 : respect des lois et principes du F.S.C.

Principe 2 : sécurité foncière, droits d'usage et responsabilités

Principe 3 : droits des peuples indigènes

Principe 4 : relations communautaires et droits des travailleurs

Principe 5 : prestations de la forêt

Principe 6 : impact environnemental

Principe 7 : plan d'aménagement

Principe 8 : suivi et évaluation

Principe 9 : conservation des forêts naturelles

Principe 10 : plantations

Les statuts du F.S.C. l'établissent comme une O.N.G. dont l'Assemblée générale des membres est souveraine. Elle est divisée en trois collèges. Le premier est constitué d'O.N.G. environnementales, le second d'O.N.G. sociales, et le troisième de représentants du secteur économique. L'Assemblée générale du FSC des 27-29 juin 1996 a décidé d'une répartition égale des pouvoirs de vote entre les trois collèges. Les décisions sont prises à la majorité des 2/3. Le bureau du F.S.C. est statutairement composé de neuf personnes dont sept représentent les O.N.G. et deux les intérêts économiques. Des filiales régionales et nationales du F.S.C. peuvent être établies selon les mêmes statuts que le F.S.C. International.

Analyse du cadre général "gestion durable" du F.S.C.

L'analyse du dispositif du F.S.C. se limitera aux caractéristiques de la pièce *névralgique* : le cadre général "gestion durable", constitué des dix principes et des critères associés.

Il n'est pas aisé d'accéder à la conception de la gestion durable qui inspire le Forest Stewardship Council et ses promoteurs. Les définitions sur lesquelles s'appuie cette O.N.G. sont en effet imprécises. Les documents énoncent : "le F.S.C. soutient une gestion forestière qui respecte l'environnement, soit bénéfique sur le plan social et soit économiquement viable", ou encore "le F.S.C. a pour but de promouvoir une gestion et une utilisation des forêts d'une manière qui soit écologiquement, socialement et économiquement durable". Une autre difficulté pour appréhender l'activité du F.S.C. provient de *l'hésitation assez récente que montre l'organisme à utiliser l'expression "gestion durable"* en matière de certification. Si la finalité affichée de la certification type F.S.C. est toujours l'amélioration de la gestion durable des forêts, si les utilisateurs du label F.S.C. voient en celui-ci un label de gestion durable, les textes et brochures du F.S.C. préfèrent désormais parler de certification de la "bonne gestion forestière" et dernièrement de "certification d'une gestion forestière responsable". Cependant, aucun document n'établit clairement les éventuelles différences ou similitudes entre ces deux expressions.

Les dix principes qui expriment les grandes composantes de la "bonne gestion forestière" au sens du F.S.C. couvrent des domaines sans rapport manifeste (cf. p. 65) : le premier principe met l'accent sur le respect des lois et des principes du F.S.C. ; le second demande de vérifier que le statut foncier des forêts et les responsabilités associées soient clairement établis ; le troisième s'intéresse aux droits des peuples indigènes ; le quatrième considère les droits des travailleurs en forêt et les retombées positives de la forêt pour le bien-être des communautés locales ; le cinquième quitte pour partie le registre juridique et social et envisage les bénéfices de la forêt ; en revendiquant leur "viabilité économique" et la variété des utilisations qui en est faite ; le sixième est consacré aux impacts environnementaux de la gestion forestière ; les septième et huitième principes se concentrent sur des aspects de procédure, respectivement de procédures et outils de gestion forestière, puis de suivi et d'évaluation de cette gestion ; le neuvième est dédié au maintien des forêts naturelles ; le dixième et dernier considère le cas difficile des plantations qu'il tente de rendre cohérent avec les considérations précédentes.

Il est possible d'identifier quatre ou cinq pôles essentiels dans cette liste de principes : un pôle juridico-social (principes 1 à 4) ; un pôle "bénéfices de la forêt" (4 pour partie et 5) ; un pôle "procédures de gestion forestière, de suivi et d'évaluation" (7 et 8) ; un pôle "écologie" (6 et 9) ; un principe spécial pour "les plantations". Cependant, la grande hétérogénéité de ces principes demeure : ils passent en effet des droits des populations indigènes aux impacts environnementaux puis aux procédures de gestion, de suivi et d'évaluation pour revenir au maintien des forêts naturelles avant de conclure par les plantations, mais ne permettent pas d'avoir d'idée claire sur la logique recommandée pour parvenir effectivement à la gestion durable. La cohérence de l'ensemble et la signification générale de cette liste de principes sont incertaines. Il est regrettable qu'aucune explication valable ne soit donnée pour rendre compte de cet agencement assez hétéroclite.

Le F.S.C. et ses promoteurs semblent donc considérer qu'il y a "gestion durable" ou "bonne gestion forestière" ou encore "gestion responsable" dès lors que les lois et principes du F.S.C. sont respectés ; les droits et responsabilités sont précisés ; les droits des populations indigènes sont respectés ; les droits des travailleurs sont convenablement appréhendés ; les bénéfices de la forêt sont diversifiés et multiples, et profitent aux communautés locales ; l'impact environnemental négatif des opérations forestières est minimisé ; des plans de gestion, des procédures de suivi et d'évaluation existent et sont dûment renseignés ; les forêts naturelles et sites de grande valeur patrimoniale sont maintenus ; les plantations sont conduites de manière conforme aux principes précédents. Cette gestion durable semble donc s'apparenter au respect d'une liste de considérations diverses, sans que la finalité profonde soit vraiment accessible.

La mise en pratique de ces dix principes et des critères correspondants dans certains pays ou sur certains domaines forestiers permet de mieux appréhender les conséquences possibles. Quand un pays décide d'entrer dans le schéma du F.S.C., le premier principe est de fait accepté et le second principe est vérifié dans un grand nombre de pays ; le troisième peut poser de sérieuses difficultés dans certaines régions, comme la Laponie ou le continent nord-américain ; le quatrième se règle par une négociation des conditions de travail des employés en forêt ; le cinquième dépend tellement du contexte socio-économique que les forestiers peuvent difficilement faire autre chose que tenter de montrer combien la gestion de leurs forêts génère des bénéfices variés pour la collectivité ; reste en fin de compte l'impact environnemental, le maintien des forêts naturelles et autres sites remarquables ainsi que les plans de gestion et autres outils et procédures de gestion et d'évaluation. De fait, il s'avère que les cahiers des charges pour une certification, issus des groupes de travail F.S.C. instaurés dans plusieurs pays ou développés par des certificateurs accrédités par le F.S.C., sont essentiellement constitués de deux composantes : des prescriptions environnementales plus ou moins poussées (nombre d'arbres morts, variété des essences forestières ; interdiction des utilisations de produits chimiques ; mise en réserve intégrale de portions d'espaces forestiers...) et des prescriptions sur les procédures de gestion (élaboration de plans ou de systèmes de gestion, mise en œuvre et suivi de ces derniers).

C'est donc à l'occasion de leur utilisation dans des situations concrètes que les principes et critères du F.S.C. révèlent pleinement leur approche de la gestion durable. *Quand bien même ces principes et critères poursuivaient au départ une conception plus globale de la gestion durable, ils aboutissent de fait à une approche dominée par des considérations et exigences environnementales, et des prescriptions relatives aux procédures de gestion forestière. A cela s'ajoute d'éventuelles négociations avec les travailleurs en forêt et les populations indigènes privées des terres de leurs ancêtres.* La formulation même de ces principes et critères, organisés autour de l'auxiliaire "devoir " montre qu'il s'agit d'une *norme* à respecter, les efforts de conformité à réaliser étant du seul côté des opérateurs forestiers.

L'approche de la gestion durable véhiculée par les cahiers des charges pour une certification forestière du F.S.C. est donc une approche très prescriptive, où il appartient au demandeur de la certification de faire seul les efforts pour une mise à niveau au regard d'exigences environnementales et procédurières.

Le cas du P.E.F.C.

Initié au cours de l'été 1998 par les représentants nationaux des propriétaires forestiers privés de six pays européens (Allemagne, Autriche, Finlande, France, Suède et Norvège), le Processus Paneuropen de Certification Forestière (P.E.F.C.) est une *contre-initiative* au système de certification/labellisation développé par le Forest Stewardship Council (cf. p. 78). Les tentatives de développement du F.S.C. en Suède et en Finlande ont conduit les représentants de la forêt privée de ces pays à estimer que les exigences de ce dispositif étaient excessives et inadaptées à la petite propriété forestière familiale d'Europe. Pour leurs homologues français et allemands, l'idée d'une certification au niveau du propriétaire forestier a pareillement été jugée irrecevable, les coûts et les formalités d'une telle procédure étant prohibitifs à l'échelle d'une propriété de quelques hectares[26]. *La création du P.E.F.C. répond donc d'abord à une volonté de non-discrimination des petits propriétaires forestiers.* Après plusieurs mois de travaux intenses, des représentants de la forêt privée mais aussi certaines Fédérations d'industriels, des distributeurs et certaines O.N.G. nationales de conservation de la nature[27] de quinze pays européens participent à la construction du système et réfléchissent à sa traduction dans chaque pays.

De même que le F.S.C., le P.E.F.C. s'est donné deux grands objectifs :
- créer un cadre commun à l'ensemble de ses adhérents afin de promouvoir la gestion durable des forêts.
- assurer aux consommateurs que les produits identifiés par le label P.E.F.C. proviennent de forêts gérées durablement.

---

[26] L'Europe des 15 ne compte pas moins de 10 millions de propriétaires privés, et la surface moyenne de la propriété forestière est de 7 hectares.

[27] A titre d'exemple, France Nature Environnement, la Fédération Française des Associations de Protection de la Nature, est membre de la structure nationale du P.E.F.C.

Le dispositif P.E.F.C. repose sur quatre grands principes :
1. Il s'agit d'une démarche volontaire, d'ordre privé.
2. La définition du cahier des charges de la gestion durable des forêts, utilisé lors de la procédure de certification, s'effectue dans le cadre des critères et indicateurs du processus intergouvernemental paneuropéen.
3. Le dispositif repose sur les principes classiques[28] de toute démarche de certification, cette dernière étant délivrée après audit par une tierce partie indépendante, de crédibilité reconnue.
4. Enfin, plusieurs niveaux de certification sont ouverts (national, régional et local) ce qui revient à reconnaître la possibilité d'une *certification collective*, notamment pour des organisations de propriétaires forestiers.

Les principes 2. et 4. démarquent assez foncièrement ce dispositif de celui promu par le Forest Stewardship Council. Alors que cette organisation a élaboré ses propres principes de gestion durable, valables au plan mondial, le dispositif P.E.F.C. s'en remet au cadre élaboré par le processus intergouvernemental paneuropéen sur les forêts. Ainsi, le P.E.F.C. estime couvrir la totalité des "fonctions forestières", qu'elles soient de nature économique, écologique ou sociale. En outre, les recommandations paneuropéennes, applicables au niveau opérationnel, seront également mobilisées pour définir des *critères de certification nationaux et régionaux.* Considérant que ces recommandations et les indicateurs ne sont pas pertinents pour toutes les situations forestières, une adaptation aux conditions nationales et régionales est prévue.

Pour ce qui concerne le niveau territorial de certification, les promoteurs du dispositif P.E.F.C. soulignent que dans nombre de pays, la *certification régionale* est la meilleure formule pour éviter toute forme de discrimination envers la petite propriété

[28] A savoir : la crédibilité, la transparence, la rentabilité, la non-discrimination des acteurs impliqués, l'invitation de tout acteur concerné à la concertation ainsi que le principe de subsidiarité.

forestière. Dans ce cas, les candidats à la certification régionale doivent être clairement identifiés et la surface totale participant à la certification régionale sera enregistrée. La certification de groupe exige que tous les membres du groupe s'engagent à se conformer aux exigences du schéma de certification.

Vers une mise en œuvre du dispositif P.E.F.C.

Avec moins d'un an d'âge, le dispositif P.E.F.C. n'est pas encore achevé. Un Conseil Paneuropéen de Certification Forestière (P.E.F.C.C.) vient d'être constitué. Cette association de droit luxembourgeois constitue l'organisme directeur du dispositif P.E.F.C. : la marque P.E.F.C. lui appartient, et chaque délégation nationale membre dispose d'un pouvoir de vote d'au plus trois voix, en fonction du volume des récoltes en bois de chaque pays. Les membres continuent d'affiner les statuts de l'association et de préciser les modalités de son application dans les différents pays. A cette fin, chaque pays est invité à fonder un organisme directeur national, ayant pour objet de préciser le dispositif général et en particulier les critères de certification adaptés au contexte de chaque pays. Un *système de reconnaissance mutuelle* des dispositifs P.E.F.C. de chaque pays doit assurer la cohérence du dispositif.

Il n'est pas encore possible, contrairement au F.S.C., de cerner avec précision la manière dont ce schéma de certification tente d'appréhender la problématique de la gestion durable. Si le cadre commun aux différents membres de ce dispositif est désormais précisé, le point critique réside désormais dans l'établissement par les organismes directeurs nationaux du cahier des charges pour la certification. A ce stade, il est prévu que le développement des critères de certification soit initié par les propriétaires forestiers. Les différentes parties pertinentes intéressées par les forêts seront invitées à participer à ce processus. Les critiques et demandes seront étudiées et des réponses documentées seront fournies, d'une façon transparente et ouverte. Les promoteurs du dispositif indiquent par ailleurs que les critères de certification seront revus périodiquement à la lumière des nouvelles connaissances scientifiques, et selon un principe d'amélioration continue. *Pour décider des critères retenus, un consensus entre participants sera l'objectif, mais non une condition préalable.*

Contrairement au dispositif F.S.C., l'élaboration des critères de certification est un processus organisé par les propriétaires forestiers, c'est-à-dire ceux qui en fin de compte auront à mettre en pratique les exigences du cahier des charges pour une certification. Si le consensus entre les différentes parties *pertinentes* intéressées est recherché, il n'est plus une condition sine qua non pour l'élaboration d'un cahier des charges agrée par l'organisme garant du label, comme c'est le cas avec le F.S.C. Quant au contenu à proprement parler du cahier des charges, les textes se limitent pour le moment à préciser que les critères de certification à élaborer comprendront à la fois des *niveaux de performance*, des *exigences* au regard des *systèmes de gestion* et des *dispositifs administratifs*. Ces éléments sont cohérents avec les caractéristiques des indicateurs du processus intergouvernemental paneuropéen, ainsi que les recommandations au niveau opérationnel.

(suite p. 82)

PEFC

Un système de certification conçu pour les forêts européennes

Né en juin 1999, le Pan European Forest Certification Council est un système européen de certification forestière créé à l'initiative de la France, de l'Allemagne, de la Suède, de la Finlande, de la Norvège et de l'Autriche. Le PEFCC compte aujourd'hui 14 pays membres tandis que de nombreux autres lui manifestent un intérêt croissant. Le financement du Pan European Forest Certification Council est assuré par les cotisations de ses membres.

Son objectif est de promouvoir et de garantir la gestion durable des forêts européennes grâce à une labellisation homogène des bois et produits ligneux et à l'apposition d'un label sur l'ensemble de ses produits. C'est pourquoi :

- il fixe des exigences en matière de certification forestière et de chaîne de contrôle,
- il encourage les différents pays européens à se doter de système nationaux de certification de la gestion forestière durable,
- il propose un processus de reconnaissance mutuelle de différents systèmes de certification nationaux entre eux,
- il est responsable du suivi et de la régularité du processus.

Plus largement le Pan European Forest Certification Council encourage la reconnaissance mutuelle des différents systèmes de certification existant à travers le monde. Le siège du Pan European Forest Certification Council est à Luxembourg.

La concrétisation de la démarche du Plan European Forest Certification Council sera l'apposition – en Europe – d'un seul et même label sur les produits issus de la certification de la gestion forestière durable. Une stratégie qui répond aux nouvelles exigences du marché : internationalisation des échanges, sensibilisation croissante des opinions publiques aux questions d'environnement et besoin d'un label de référence pour les consommateurs européens.

Après les pays scandinaves (Suède, Finlande et Norvège) l'Allemagne et l'Autriche, la France est le sixième pays à soumettre son dossier à examen.

Source : Association Française de Certification Forestière, juin 2000

Critères, indicateurs et niveaux de performance : quelques précisions

A quoi sert un critère ?

Les dictionnaires précisent que le critère est "ce qui sert de base à une appréciation, ce qui permet de distinguer une chose, une notion". "Critère" a pour étymologie le grec *kritêrion*, "capacité de juger", "tribunal" et "jugement", lui-même dérivé de *krinein*, "séparer, trier, trancher, décider", qui à son tour repose sur la racine indoeuropéenne *krei-* "séparer, cribler". Le cri-tère, comme la cri-tique, fonctionne comme un cri-ble, un filtre, un tamis qui, sur un sujet donné, permet de séparer le bon grain de l'ivraie, de *trier* ce qui est juste ou acceptable de ce qui doit être puni ou rejeté. Par nature, un critère est donc toujours discriminant. Ce fonctionnement du critère est bien visible de nos jours dans les cas des critères de Maastricht qui servent d'examen de passage pour l'accès à la monnaie unique : les élus sont ceux qui les vérifient, les recalés n'ont plus qu'à faire des efforts pour s'en rapprocher.

Pourquoi, dès lors, avoir besoin d'indicateur et de niveau de performance si le critère à lui seul permet de juger ? Il suffit pour le comprendre, d'en revenir aux exemples. En général, les critères de gestion durable définis à ce jour par les processus intergouvernementaux sont si généraux et imprécis qu'ils sont susceptibles d'interprétations variées. Ils ne permettent pas de juger à proprement parler si une situation concrète vérifie ou non le critère. Les critères doivent s'appuyer sur des instruments plus fins, plus déterminés et plus faciles à apprécier, qui, par combinaison, conféreront au critère et à son utilisateur *sa véritable capacité de juger*.

Ainsi, quand un responsable cherche à se faire une opinion sur l'intérêt d'un projet qui lui est soumis, il pourra se donner un critère de rentabilité. Pour rendre ce critère opératoire, c'est-à-dire pour être effectivement en mesure de départager les "mauvais projets" des "bons", il lui faut trouver un indicateur pertinent, par exemple le retour sur investissement, et lui associer un niveau minimum de satisfaction (le niveau de performance requis), exprimé en l'occurrence en nombre d'années. Ces indications complémentaires permettent de hiérarchiser les projets, donc de choisir. En l'absence de cette mesure et de cette contrainte quantitative, le critère "rentabilité" est trop vague en soi pour aider à la prise de décision. Il risque surtout de conduire à autant d'appréciations et de jugements qu'il y a de personnes. L'idée de rentabilité forestière a en effet des significations très différentes selon le type d'opérateur forestier, privé ou public, institutionnel ou individuel, et les exigences en la matière sont peu comparables.

Un indicateur ne permet pas de juger ; il fournit une information.
Un indicateur ne fait rien d'autre qu'indiquer, c'est à dire de renseigner sur l'état d'une chose ou d'une question. Il ne dit pas dans quel sens il *faut aller*, ni quel niveau il *faut atteindre : il n'exprime en soi aucune intention.* Les "Principes forestiers" établis à Rio mentionnent sans ambiguïté que les indicateurs ne font rien d'autre que de "fournir une information". Ils ne permettent donc pas de juger à eux seuls si une situation est bonne ou non. *Les indicateurs ne prennent leur sens et leur utilité que par référence à un critère, qui lui même traduit un objectif donc une intention...* Exemple : Les pics sont généralement considérés comme de bons indicateurs de l'état de l'écosystème forestier. Parce qu'ils sont inféodés à la forêt, se trouvent en bout de chaîne alimentaire et ont des exigences précises, les pics et leur suivi peuvent fournir des renseignements sur l'ensemble de l'écosystème.
Il est toutefois parfaitement abusif de dire que là où se trouvent des pics, la gestion est "durable" ; qu'inversement l'absence ou la raréfaction des pics attestent une mauvaise gestion : tout dépend de l'objectif visé, donc, du ou des critères retenus. La présence des pics ne constitue aucunement un indicateur de compétitivité, d'emploi ou de satisfaction des attentes sociales, c'est un indicateur valable pour un aspect essentiellement. Il ne s'agit pas d'un indicateur de gestion durable au sens où l'entendait Rio : pour ce faire, il lui faudrait intégrer à la fois des considérations sur la satisfaction des besoins économiques, écologiques et sociaux.

Les limites des approches par indicateurs
L'intérêt de l'indicateur réside dans sa capacité de synthèse. Pour prendre l'exemple de "bioindicateurs", les populations de pics ou de libellules donnent une information intégrée. La présence de ces espèces signifie que le milieu leur est suffisamment favorable, donc que de nombreuses conditions sont réunies pour leur maintien : qualité

de l'eau, disponibilité des ressources alimentaires pour les deux phases de la vie, aquatique et aérienne, dans le cas des libellules. Est-ce à dire pour autant que ce type d'indicateur fournit toutes les informations nécessaires à la compréhension et à la gestion des milieux ?

Le suivi de tels indicateurs permet de constater des changements dans la combinaison des conditions nécessaires à leur maintien (mais pas tous les changements : il peut y avoir des compensations, des substitutions qui sont sans incidence sur l'état résultant de l'indicateur).

Dans ces conditions, trois limites apparaissent :
1. En évaluant les changements d'un milieu par le suivi d'un indicateur, une économie dans l'effort est certainement réalisée. Cependant, la connaissance du mécanisme du changement n'est pas améliorée pour autant, à l'exception des cas simples. Seule la résultante du changement est vraiment accessible, mesurée.
2. Par nature, un indicateur ne renseigne que sur ce qui s'est déjà produit. Il est donc utile pour appréhender des évolutions prévisibles, de loi connue. Mais il s'avère inadapté pour prévoir ou rendre compte d'évolutions discontinues, d'événements rares et de "catastrophes". En revanche, pour les systèmes qui fonctionnent de manière discontinue (fragilisation des sols d'un versant jusqu'au glissement de terrain ; surfréquentation d'une forêt jusqu'à l'incendie...), l'indicateur ne permet que de constater les changements après la crise.
3. Un indicateur intègre les influences indirectes de nombreuses variables sur le système dans lequel il s'inscrit. Ainsi, la détérioration des relations entre l'homme et la forêt peut-elle se révéler à la longue, par une chute de la population de telle ou telle espèce, si la forêt périclite. La disparition des espèces sensibles au dérangement peut en effet s'expliquer par une augmentation de la fréquentation en forêt à l'occasion des fins de semaines. Cependant, beaucoup d'autres hypothèses sont plausibles pour rendre compte de ce phénomène : seule une investigation très approfondie permettra de les départager. Dans ces circonstances, l'indicateur est avant tout utile pour mettre en lumière une évolution ; mais seules des hypothèses peuvent être formulées sur le mécanisme sous-jacent. En outre, les effets indirects sont délicats à appréhender et à établir avec certitude, même si les conséquences sont visibles. Ainsi, il est difficile de suivre le développement des tensions sociales en regardant le statut des espèces

que ces tensions menacent à long terme, à travers la détérioration des milieux.

En somme, l'information fournie par des indicateurs et leur combinaison est intéressante et irremplaçable. Elle n'en est pas moins partielle et n'offre que rarement une explication aux phénomènes ; *a fortiori*, dans nombre de cas, elle ne suffit pas pour agir en connaissance de cause, avec quelque chance de réussite.

La tempête, révélatrice de l'écart entre approches actuelles et souhaitables de la gestion durable

Les tempêtes qui ont sévi sur l'Europe de l'ouest, et notamment la France, fin 1999, donnent lieu à des attitudes bien tranchées. En première approche, deux grandes attitudes se démarquent. La première, incarnée par les professionnels de la forêt et du bois, consiste à se consacrer à la gestion des chablis, dans ses aspects d'exploitation et de commercialisation. Parallèlement l'administration forestière et certains responsables de la filière se soucient de la reconstitution des forêts en préparant des dispositifs financiers et techniques incitatifs pour les propriétaires ayant subi un préjudice. A l'opposé, divers acteurs souvent non forestiers (à moins qu'ils exploitent la situation pour pousser leurs propres convictions forestières) se donnent pour devoir de chercher des coupables ou en profitent pour prendre leur revanche. Doit-on parler de catastrophe naturelle ou bien faut-il y voir au contraire une juste correction de la nature à l'impudence des forestiers, clament haut et fort les détracteurs. Et de stigmatiser au passage les plantations de résineux avant de porter aux nues tel ou tel modèle forestier, et notamment la futaie jardinée en se gardant bien de rappeler que là où le vent a soufflé vraiment fort, aucun type de forêt n'a pu résister.
Les médias se délectent de ce schéma simple aux rôles faciles à identifier sur fond de traumatisme réel et diffus.

Les tempêtes, leurs effets et la manière dont ils sont gérés permettent cependant de tirer des enseignements fort utiles pour la problématique de la gestion durable.

- Ainsi, par exemple l'expression « forêt durable » qui, assez fréquemment, tend à se substituer à « gestion durable » se révèle erronée. Les discours qui, il y a peu encore, estimaient de manière péremptoire que les forêts de tel ou tel pays ou région constituaient assurément une « forêt durable », s'avèrent démentis. Comme toute chose, les forêts s'avèrent vulnérables.

- Les référentiels de critères et indicateurs quant à eux, n'auront été d'aucun secours pour prévenir les tempêtes et gérer leurs conséquences ; de tels instruments d'appoint ne sont de toutes façons pas fait pour cela. Quand bien même ces critères et indicateurs, à l'avenir, intégreraient des notions de plus ou moins grande résistance ou résilience des forêts aux tempêtes, ils continueraient d'être sans utilité dans la gestion de la crise elle-même. Cela illustre l'idée selon laquelle les critères et indicateurs établis à ce jour cherchent plus à prescrire *a priori* un *modèle de forêt* qu'à préconiser un *mode de gestion* capable de faire face aux situations forestières les plus diverses. Leur pertinence pour la mise en œuvre d'une « gestion durable » des forêts est donc en cause. Plus généralement, la majorité des systèmes de certification/labellisation qui reposent sur un cahier des charges essentiellement technique, avec ses deux composantes habituelles (norme de performance, existence d'un système de gestion/planification des forêts) sont largement pris en défaut. Les planifications ou aménagements forestiers n'intégrant pas de tels événements catastrophiques, ne sont là encore d'aucun apport pour gérer la situation.

• En revanche, les effets des tempêtes portent au grand jour l'importance des hommes et des relations entre les hommes concernés par les forêts pour une « gestion durable des forêts ». A dégâts comparables, il est en effet possible de relever de grandes différences dans la capacité de réaction à l'événement selon les territoires et les institutions. Certains territoires par exemple sont parvenus à s'organiser rapidement, en faisant jouer des chaînes de solidarité et des synergies, tandis que d'autres cèdent au désarroi ou attendent que l'Etat s'occupent d'eux.

A un niveau plus global, celui d'un pays par exemple, la gestion de la crise dans son ensemble dépendra de la qualité d'intégration des informations entre les différents niveaux de perception, de la capacité de réponse stratégique, de l'aptitude des responsables à fédérer des énergies, à dépasser les cloisonnements habituels, de la confiance entre les acteurs et de leur volonté de reconstruire ensemble une forêt prometteuse. Ces aspects ne sont bien évidemment pas quantifiables et ne peuvent pas se mesurer scientifiquement au travers de quelques indicateurs. Et pourtant, ils sont déterminants : la capacité à restaurer la forêt dépendra largement de la plus ou moins grande réussite à surmonter la crise présente.

• Au demeurant, quelles forêts s'agit-il de reconstruire ? En faisant table rase sur des pans entiers du patrimoine forestier national, les tempêtes créent une situation sans précédent : des territoires forestiers jusqu'alors façonnés par des générations de propriétaires, de gestionnaires, de contextes socio-économiques, en somme lourds de choix et d'actes passés se retrouvent dans une quasi-situation de virginité, le champ des possibles étant ouvert comme jamais il ne le fût.

D'ailleurs si les médias et les responsables forestiers se concentrent sur les effets directs de la tempête et la gestion des chablis, nombres d'acteurs, sur le terrain, ne se satisfont pas d'une gestion à court terme de la crise. Ils estiment que la gestion de la crise demande également de s'interroger sur ce qu'il est souhaitable de faire des territoires affectés par les tempêtes. En d'autres termes, à la question qui absorbent l'essentiel de l'énergie des professionnels de la forêt et du bois aujourd'hui (« comment gérer au mieux les chablis »), nombre d'acteurs de terrain ressentent intimement que cette question devrait à tout le moins s'accompagner d'une autre question (« que veut-on faire demain de ces territoires ? » ou « quelles forêts pour demain »), les réponses apportées à celles-ci n'étant pas sans incidence sur la manière de résoudre celle-là.

Force est de constater que cette double interrogation n'est pas à l'ordre du jour. Il n'est pas trop tard cependant pour reconnaître que les tempêtes créent une situation assez unique afin d'aborder la question forestière d'une manière plus stratégique que technique, en ouvrant le débat du choix de forêt, en cherchant effectivement à concilier différents besoins et attentes vis-à-vis d'un territoire, tout en respectant les champs d'appropriation publics et privés. L'avenir dira si les acteurs concernés par la forêt sauront profiter de cette occasion exceptionnelle pour explorer les voies d'une gestion de la qualité forestière en patrimoine commun ou s'il céderont une fois encore à l'approche purement technique, croyant répondre aux attentes de la société en remplaçant les forêts à dominante monospécifique par une systématisation de la futaie jardinée.

2. LES APPROCHES ACTUELLES SONT-ELLES FIDELES A L'ESPRIT DE RIO ?

2.1. La finalité des initiatives intergouvernementales diffère assez foncièrement de celle des dispositifs de certification forestière

Les processus intergouvernementaux visent essentiellement à définir un cadre commun aux pays membres afin de mieux caractériser, suivre et ajuster l'état des forêts, les tendances qui les affectent et les dispositifs publics de politique et de gestion des questions forestières. Les critères et indicateurs de ces processus intergouvernementaux, conçus pour être appréhendés au plan national, ont donc pour vocation d'aider au pilotage de l'action publique en faveur des forêts. Ils autorisent également des comparaisons entre pays, dans les politiques forestières mises en œuvre comme dans certains de leurs résultats. En toute rigueur, dans leur formulation actuelle, les six "critères" du processus paneuropéen relèvent plus de l'objectif très général que du critère[29]. Les vingt-sept indicateurs sont en outre formulés d'une manière suffisamment générique et politique pour autoriser une grande latitude d'appréciation. Sous le titre "neuf" d'indicateurs se retrouvent en fait ce que les années antérieures se contentaient d'appeler "statistiques", "données générales" ou "éléments de contexte". Aussi, ces indicateurs ne sont pas associés à des niveaux d'exigence ou de performance particuliers.

Le produit de ces processus ressemble en somme à un instrument de bord, à cela près que les valeurs recherchées pour les différents paramètres mesurés ou suivis ne sont pas précisées. A défaut de références absolues, cet instrument de bord est donc utile avant tout pour suivre les évolutions d'une année ou d'une période à une autre, sans vraiment renseigner

---

[29] Se reporter à la définition exacte et à l'étymologie de critère, données p. 74

sur le caractère favorable ou non de l'évolution enregistrée. Ces jeux de critères et indicateurs ne permettent donc pas d'évaluer l'état des forêts et l'efficacité des politiques forestières mises en œuvre, sauf lorsque l'orientation souhaitable est implicite dans l'indicateur quantitatif [30](comme c'est le cas par exemple avec un indicateur "changements dans la défoliation grave des arbres" associé au critère de santé et de vitalité des forêts).
Cette orientation retenue par le processus paneuropéen est compréhensible. Il est sans doute préférable de miser sur la dynamique progressive d'un processus politique qui ne réunit pas moins de trente-six pays[31]. La définition hâtive de niveaux de performance pour des pays qui apprennent tout juste à travailler ensemble et présentent des situations forestières fort différentes n'aurait probablement pas été bénéfique. Il est toutefois regrettable que ces raisons ne soient pas explicitement données : elles couperaient court à des critiques faciles sur "l'absence de volonté forte des Etats à prendre des engagements concrets en matière forestière".

Il en va tout autrement dans le cas de la certification. Il ne s'agit plus, cette fois, de caractériser ou d'ajuster progressivement des dispositifs de gestion et d'aider au pilotage des politiques forestières, mais de vérifier la conformité d'une situation forestière donnée à un cahier des charges préétabli. Le terme de

---

[30] Cependant, pour de nombreux indicateurs quantitatifs, l'orientation souhaitable n'a rien d'implicite : ainsi, les résultats fournis par le premier indicateur quantitatif "surface forestière et changements survenus" du critère n°1 peut conduire à des appréciations très différentes d'un pays ou même d'un territoire à un autre, selon que la forêt est considérée comme envahissante ou au contraire à encourager dans son extension.

[31] Dans les conclusions d'un article intitulé *"De Strasbourg à Helsinki, les deux premières conférences ministérielles pour la protection des forêts en Europe"*, paru dans la Revue Forestière Française en 1994, volume 4, les auteurs, MM. BARTHOD et TOUZET, chargés de la préparation et du suivi des Conférences de Strasbourg et d'Helsinki, font ainsi remarquer que : "*La raison d'être de ces conférences ministérielles est de constituer un moteur politique pour faciliter la coopération technique des pays européens à une série de problèmes communs ou comparables*".

critère est alors pris dans son sens vrai. Afin de lui conférer une véritable capacité de jugement, un ou plusieurs indicateurs et les niveaux de performance à atteindre lui sont généralement associés. Les critères et les niveaux de performance doivent être précis afin de restreindre la subjectivité d'appréciation. Autant les processus intergouvernementaux pouvaient se permettre d'être vagues et généraux, autant il s'agit, dans le cas de la certification, d'éviter plusieurs interprétations possibles puisque le but est de préciser très concrètement ce qui est recherché.

Malgré la similitude trompeuse de la terminologie, les "critères" des processus intergouvernementaux n'ont donc guère à voir avec les critères pour une certification : ils diffèrent par leur nature comme par leur vocation. *Les premiers sont des objectifs généraux renseignés par le suivi de certains indicateurs ; les seconds sont des prescriptions à respecter, complétées de niveaux d'exigence à atteindre impérativement.* En d'autres termes, les critères de certification sont *censés* constituer des *conditions nécessaires et suffisantes* afin d'obtenir une gestion durable des forêts. En revanche, les indicateurs associés aux grands critères des processus intergouvernementaux fournissent essentiellement une information générale sur l'état et le devenir des forêts et des instruments publics de politique forestière, sans pour autant être en mesure de garantir que les *conditions nécessaires et suffisantes* d'une gestion durable des forêts à l'échelle du pays sont effectivement réunies. Dans le cas du processus paneuropéen, seule la mise en œuvre "des recommandations au niveau opérationnel" est censée assurer une gestion durable des forêts à l'échelle du territoire concerné.

Aussi, les critères et indicateurs du processus paneuropéen sont en l'état *inutilisables pour une certification* : ils n'ont pas été conçus à cette fin ; ils servent à décrire, non à attester une conformité. Au plus peuvent-ils délimiter le cadre général du débat sur les critères de certification au même titre que les dix principes du F.S.C., sous réserve que les acteurs estiment que ce cadre soit effectivement favorable à leur conception de la gestion durable et à leurs intérêts. Seules les recommandations de gestion durable[32] avalisées à Lisbonne, par leur caractère normatif et leur degré de précision, s'approchent de la formulation de critères en vue d'une certification forestière.

2.2. Malgré des différences radicales, ces deux grands types d'initiatives internationales - processus intergouvernementaux et dispositifs de certification/labellisation- participent d'une même approche générale de la gestion durable

Ces démarches ont en effet pour *point commun majeur* de chercher à définir *a priori* ce qu'est la gestion durable des forêts. A cette fin, elles tentent de circonscrire cette notion floue dans un cadre relativement déterminé de grands principes ou de domaines jugés importants. Ces grandes catégories sont contraintes par la définition de critères, associés, selon le type d'initiative, à des indicateurs, des recommandations au niveau opérationnel ou des exigences en matière de système de gestion et des niveaux de performance. Dans les deux cas, le cadre général de la gestion durable est précisé au niveau international au sein d'assemblées où ne prennent place que quelques représentants d'acteurs. Puis, vient le temps de la déclinaison de ce cadre général, de son ajustement ou de sa traduction au plan national ou régional, dans ce qui s'apparente à une sorte de référentiel. Cette manière d'aborder un problème, en partant d'un cadrage d'en haut, conçu pour une large mesure *a priori,* par quelques experts, spécialistes ou responsables, puis en le déclinant aux échelles inférieures est caractérisé d'approche "up-bottom" (haut-bas) ou de "descendantes" par les théoriciens des questions institutionnelles.

---

[32] cf. p. 61

2.3. Les jeux de critères des processus gouvernementaux, comme les dix grands principes du F.S.C., traduisent des conceptions singulières de la gestion durable

Les présupposés de ces conceptions, pourtant, ne sont pas toujours énoncés. Si l'idée sous-jacente au processus paneuropéen est assez clairement celle du maintien de l'intégrité de l'écosystème forestier hors contexte socio-économique supposé automatiquement favorable et stable, il est beaucoup plus difficile de repérer la logique générale et la finalité profonde des dix principes du F.S.C. Une liste de principes ou de critères ne suffit pas en effet pour garantir à une démarche une cohérence d'ensemble, fondée sur une approche spécifique, identifiable et adaptée à la problématique à laquelle elle s'intéresse. En l'absence de clarification de sa définition de la gestion durable et tant que le flou sera maintenu par le F.S.C. entre les expressions de "forêts bien gérées", "forêts gérées de manière responsable" et "gestion durable des forêts", il sera bien difficile d'évaluer dans quelle mesure la liste de principes et critères proposés est effectivement adaptée à son objet.

Au surplus, il convient de souligner qu'en matière de gestion durable des forêts, les critères de certification de même que nombre d'indicateurs ne peuvent pas être qualifiés de "scientifiques" comme le prétendent certains documents et certaines communications[33]. Que *des méthodes scientifiques de suivi* de certains indicateurs et des *procédures d'évaluation indépendantes* soient mobilisées ne signifie pas pour autant que

[33] Une société californienne, spécialisée dans la certification des systèmes de gestion de l'environnement et de sécurité alimentaire humaine, n'a d'ailleurs pas hésité à prendre pour nom S.C.S. (Scientific Certification Systems, soit en français "Systèmes de certification scientifiques"). Cette société effectue notamment de la certification forestière et travaille avec le M.S.C. (Marine Stewardship Council), organisme calqué sur le F.S.C. pour les questions de pêche et d'élevage de poissons en mer.

l'indicateur, et, avec lui, le niveau de performance, donc aussi le critère, et finalement le système de certification, soient par là-même "scientifiques". Ces différents éléments sont le résultat d'un choix qui traduit bien souvent un objectif préférentiel plus ou moins explicite. A ce titre, ils relèvent d'un processus de décision et sont donc empreints de subjectivité. Comment en effet considérer que le choix d'indicateurs ou de critères tels que la surface de forêts mises en réserves intégrales, la qualité de l'accueil du public en forêt, le nombre d'arbres morts à l'hectare ou encore la proportion des peuplements mélangés à 2-3 espèces relèvent de la pure science et de la pure objectivité ? Comment pourrait-il en être autrement d'ailleurs ?

2.4. Les approches actuelles, émanant des processus intergouvernementaux ou des O.N.G., se démarquent de la conception de la gestion durable des forêts prônée par Rio

Alors que les "Principes Forestiers" du Sommet de la Terre stipulaient *"il est indispensable d'intégrer et d'appréhender globalement tous les aspects touchant à la protection de l'environnement et au développement socio-économique dans la mesure où ils ont un impact sur les forêts et autres terrains boisés"*, les approches actuelles, soit se contentent d'instruments de caractérisation et de suivi des politiques forestières, des dispositifs publics de gestion des questions forestières et de certains résultats en vue d'un éventuel ajustement, soit ne font guère plus que prescrire des règles forestières à des fins essentiellement environnementales dans le cas des dispositifs de certification. Elles contreviennent donc à l'esprit de Rio par au moins six caractéristiques.

1. Elles se concentrent sur les forêts elles-mêmes, l'existence de dispositifs institutionnels, législatifs ou de gestion existants, des niveaux de performance et des procédures de gestion forestière, de suivi et d'évaluation, mais négligent les

considérations humaines, qu'il s'agisse des *rapports des hommes aux forêts* ou *des relations entre les hommes concernés par les forêts*. A cet égard, il est instructif de confronter les résolutions L1 et L2 adoptées à la troisième conférence ministérielle sur la protection des forêts du processus paneuropéen. Pour une fois, les "personnes" sont évoquées dans une résolution spécifique intitulée " les personnes, les forêts et la foresterie". Bien qu'il ne s'agisse que d'une déclaration d'intention, l'importance des relations entre les hommes et les forêts est soulignée ; la notion de propriétaires n'est pas éludée comme c'est habituellement le cas ; des efforts spécifiques à leur endroit sont recommandés. Néanmoins, la résolution L2, consacrée aux critères et indicateurs de gestion durable perd assez complètement cette dimension. Les critères et indicateurs en question se focalisent sur la forêt et ses fonctions : les hommes ne sont plus appréhendés que de manière lointaine, au travers de leur implication dans les différentes fonctions. Or ce sont précisément ces critères et ces indicateurs que les Etats et le Groupe Intergouvernemental sur les Forêts sont susceptibles d'utiliser à l'avenir pour légitimer les choix qui seront faits en matière de politique forestière et notamment de financement des actions au profit des forêts.

Pourtant, juste avant la signature de ces résolutions, le Ministre des Forêts de Pologne rappelait à ses homologues réunis à Lisbonne en juin 1998, à l'occasion de la troisième conférence ministérielle sur la protection des forêts : *"le meilleur moyen de protéger la forêt de Bialowieza*[34] *ne consiste pas à prendre des réglementations extraordinaires, à multiplier les dispositifs de surveillance et d'encadrement, à introduire une nouvelle norme, mais à assurer aux hommes et aux femmes qui résident à proximité de cette forêt des conditions de vie acceptables ; alors, ils en seront les meilleurs protecteurs"*.

---

[34] Forêt primaire tempérée située en Pologne.

Bien que l'existence de conditions de vie décentes pour une population ne suffise pas pour garantir que cette dernière aura un comportement responsable à l'égard de "ses forêts", cette remarque vigoureuse du responsable polonais à cependant le mérite de mettre en lumière l'importance des considérations humaines et relationnelles dans la conservation du patrimoine forestier.

Définir *a priori* ce qu'est une gestion durable des forêts et lister des critères techniques à vérifier pour s'y conformer, alors même que les relations entre acteurs concernés par les forêts sont inexistantes, distendues ou dégradées, c'est considérer qu'il est possible d'atteindre une harmonie dans la nature alors que l'adversité, l'incompréhension et la défiance règnent parmi les hommes.

A cet égard, le vif sentiment d'agression que provoque, chez les propriétaires et les gestionnaires forestiers, leur mise sous pression au travers de la certification forestière éloigne, plus qu'on ne saurait l'imaginer, de toute perspective de gestion durable.

La condition préalable à la conservation des forêts, des sols, de la biodiversité, n'est-elle pas que les acteurs soient convaincus de la nécessité de le faire, responsabilisés et motivés à cette fin ? Que sont donc devenus les principes, critères, indicateurs, et niveaux de performance correspondants ?

2. Ces approches sont statiques et théoriques, mais peu pragmatiques et encore moins stratégiques. Alors que de nombreux changements se produisent, la technologie et ses incidences possibles sur la valeur des différents types de bois, donc aussi des forêts ; les conditions de compétitivité et les besoins des consommateurs ; les attentes sociales..., ces approches se focalisent sur des résultats, des instruments de politique forestière ou des dispositifs de gestion forestière, des niveaux de performance sur le terrain. Malgré les exhortations

des textes de Rio à appréhender globalement les nombreux facteurs économiques, socioculturels, patrimoniaux... qui influent sur les situations de terrain, les approches actuelles continuent de fonctionner comme s'il suffisait de définir pour prescrire, de prescrire pour obtenir. C'est dire que la réflexion sur les *conditions et moyens nécessaires et suffisants* pour effectivement atteindre les prescriptions ou faire en sorte que les grands programmes ou dispositifs de gestion des problèmes soient efficaces, sont tantôt très générales (cas des Etats), tantôt purement et simplement ignorées (cas des démarches de certification). Ces modalités sont manifestement considérées comme allant de soi pour les Etats, et du seul ressort des agents forestiers eux-mêmes dans le cas des dispositifs de certification, du F.S.C. en particulier. En somme, le caractère stratégique de ces approches paraît délaissé.

3. L'appréhension *conjointe* des dimensions écologiques, économiques et sociales n'a pas eu lieu. Les approches actuelles disjoignent méticuleusement ce qui relève des trois domaines. Les critères et indicateurs des processus internationaux, les cahiers des charges en vue d'une certification, les discours et les actions relatifs à la gestion durable considèrent successivement et indépendamment ces trois dimensions complètement imbriquées dans la réalité, qu'ils superposent dans des rapports pourtant qualifiés de "synthèse". Or, sans cet effort d'intégration entre les différents objectifs, maintes fois encouragé dans les documents de Rio, aucune avancée notable dans la gestion des problèmes n'a vraiment été accomplie : chacun continue de penser et de vivre dans les limites de ses propres besoins et intérêts, dans l'ignorance ou le mépris de ceux de l'autre ; ainsi les problèmes demeurent souvent fondamentalement inchangés.

4. L'illustration la plus manifeste de cette *"approche sectorielle déguisée"* se trouve dans les fameux "indicateurs de développement ou de gestion durable". Pour se nommer ainsi, de tels indicateurs devraient intégrer des considérations

diverses, relevant des trois grands domaines couverts par la gestion durable. Or, il n'en est rien. Les seuls indicateurs produits à ce jour sont des indicateurs sectoriels, thématiques et souvent unidimensionnels : indicateurs de santé des forêts, de biodiversité, d'emploi, de prélèvement en forêt... *En toute rigueur, il n'existe donc pas d'indicateurs de développement ou de gestion durable à ce jour, pour les questions forestières comme pour les autres problématiques.*

5. Les dimensions économiques, sociales et culturelles affichées par le processus paneuropéen, le F.S.C. ou d'autres processus de certification ont tôt fait de se réduire à une peau de chagrin. Cela est d'autant plus vrai que l'échelle considérée est fine et se rapproche du terrain. Le principe n° 5 "avantages offerts par la forêt" du F.S.C., le seul explicitement économique dans le schéma du F.S.C., comporte comme seul critère assimilable à un critère économique, un critère de rendement soutenu[35]. Les recommandations de Lisbonne tombent sur le même écueil (cf. p. 61). Alors que les indicateurs portaient encore sur des dispositifs institutionnels, des instruments financiers, les recommandations considérant avant tout des modalités de gestion forestière et des pratiques forestières ne savent plus faire autre chose que recommander de pratiquer un rendement soutenu, de minimiser les impacts sur l'environnement et de chercher à diversifier les biens et services forestiers.

6. Enfin, toute l'interrogation de Rio sur la notion de "besoins à satisfaire conjointement"[36], aux différentes échelles d'espaces et de temps, est difficile à reconnaître dans les approches actuelles. Les processus internationaux n'en parlent pas. Ils font comme si le simple fait de maintenir l'intégrité des forêts,

---

[35] Le rendement soutenu signifie que le prélèvement en bois sur un territoire donné, n'excède pas, globalement, la croissance de la forêt estimée en volume de bois sur pied.

[36] cf. les définitions originelles de Rio sur le développement durable et la gestion durable des forêts dans le tableau récapitulatif cf p. 38

d'avoir des politiques forestières, des dispositifs de suivi des tendances forestières assurait automatiquement une satisfaction des besoins vis-à-vis des forêts. De leur côté, les dispositifs de certification, inspirés du F.S.C. ou élaborés par des professionnels de la filière, se contentent d'une approche normative de la forêt et de sa gestion. Comme si, du seul respect de la norme, de ses exigences et niveaux de performance découlait automatiquement une satisfaction des attentes vis-à-vis des forêts.
Cependant, l'écueil principal de ces approches se révèle à l'occasion de la constitution de cahiers des charges pour des démarches de certification et de labellisation des produits à base de bois. Partant de l'idée que toute démarche de certification est volontaire, demande de ce fait une entité juridiquement responsable, les dispositifs actuels - hormis le système P.E.F.C. - en arrivent de plus en plus fréquemment à la nécessité de certifier au niveau de l'unité de gestion forestière et de son propriétaire. Le raisonnement est d'une logique irréprochable ; il n'en est pas judicieux pour autant. Deux critiques majeures peuvent être formulées à son encontre :

- Tout d'abord, un tel raisonnement implique que la gestion durable peut effectivement s'appréhender et s'évaluer à l'échelle d'une propriété forestière, et ce, quelle que soit la taille de l'espace forestier considéré ; qu'en somme les limites juridiques de la propriété et de la responsabilité individuelle sont pertinentes pour apprécier la gestion durable. En revenant aux conceptions de Rio, il est manifeste que des dimensions forestières importantes au regard de la gestion durable, telles que la gestion de la biodiversité, la santé des forêts, la qualité et la quantité des ressources à base de bois, l'emploi, les activités récréatives... doivent être envisagées sur des ensembles de grande envergure, ayant un sens au regard de ces problématiques. Même si elles intègrent les influences fines des différentes propriétés forestières privées, ces grandes problématiques, pour être convenablement gérées, demandent en effet de raisonner sur des espaces vastes. Isoler un fragment de cet espace et tenter d'optimiser sa gestion au regard de la finalité globale recherchée n'a pas grand sens, car cet élément est en interaction avec les autres composantes de l'espace englobant auquel il appartient. A la limite, si un propriétaire de quelques hectares de forêts s'ingénie à produire du bois alors que tous les propriétaires alentour délaissent leur forêt, il est à craindre que ce propriétaire ne trouve jamais preneur pour ces bois, tant la compétitivité de l'ensemble du territoire dans lequel il s'inscrit sera globalement médiocre. Il en irait de même si quelques propriétaires seulement avaient une gestion favorable à la conservation d'espèces animales qui ont besoin de vastes territoires propices.

D'ailleurs, si les critères de certification et les niveaux de performance définis à l'échelle du propriétaire ou de l'unité de gestion forestière se réduisent finalement à des exigences environnementales et des règles de gestion forestière, c'est précisément parce que certaines dimensions forestières se jouent au travers des limites de la propriété forestière. Il est impossible dès lors de concourir valablement à la gestion de ces dimensions (compétitivité, santé des forêts, qualité des eaux, des paysages...) en recourant à une approche purement analytique ou pointilliste, rivée sur les seules limites de la propriété individuelle.

Que vérifie-t-on alors quand la certification a lieu "au niveau opérationnel" ou à l'échelle du propriétaire forestier ? Certainement pas la gestion durable au sens où l'entendait Rio ! Et il est très préoccupant que tant de responsables se résignent à vérifier un cahier des charges plus ou moins long et exigeant, sans même se demander quelle conception de la gestion durable le sous-tend, ni surtout quelle pertinence cela présente au regard des problèmes qui se posent aux acteurs de terrain.

- Partant de l'idée que la gestion durable s'organise autour de la trilogie économie-écologie-social, certains cahiers des charges actuels pour une certification - notamment le F.S.C.- en infèrent des critères et des niveaux de performance pour chacune de ces trois composantes. C'est dire que chaque propriétaire devra montrer son implication par rapport à ces trois dimensions de la gestion durable, s'il souhaite obtenir un certificat de gestion durable. Dans ces conditions, un propriétaire qui déciderait de mettre sa propriété forestière en réserve intégrale ne pourrait pas recevoir de certification, car il serait dans l'incapacité d'attester une contribution au développement local ou à la production de bois.

Cela revient à imposer à l'échelle de l'unité de gestion et du propriétaire, une conception de l'aménagement forestier ou de la multifonctionnalité lourde de présupposés où une part de la propriété forestière doit être réservée à la conservation de la nature, une autre à la production de bois, une autre aux aspects récréatifs, le tout baignant dans la conception actuelle de "l'écologiquement correct" en forêt[37]: 10 arbres morts par hectare seront recherchés ; 1,5 ha de réserve intégrale pour 5 hectares de production devront être trouvés sur une propriété ... Cette approche de la gestion durable renoue avec la naïveté des périodes de désenchantement qui placent leurs dernières espérances dans le "small is beautiful". Faute de réussir à concilier sur des territoires soumis aux influences de nombreux

---

[37] A titre d'exemple, dans une communication écrite réalisée par le W.W.F. suisse et l'O.N.G. Pro Natura, visant à promouvoir le cahier des charges FSC pour une certification de la gestion durable des forêts suisses, il est possible de lire : *"Jusqu'à ce qu'un "standard FSC suisse soit largement reconnu, on utilise un standard provisoire.(...) Les principaux points exigés pour qu'une "exploitation forestière suisse" puisse obtenir une certification type F.S.C. sont : -Délimitation de 10% de la surface forestière comme réserve forestière, dont au moins 5 % comme réserve totale; -Interdiction des coupes rases de plus de 0,5 ha; - Rajeunissement avec essences en station sur 80 % de la surface au moins; - Régénération naturelle, sauf exceptions justifiées; - Renoncement aux essences exotiques; - Augmentation/maintien de la proportion de bois mort; - Elaboration de documents de planification et de contrôle suffisants."* La mise en œuvre d'un tel cahier des charges a permis à des forêts appartenant à la Bourgeoisie de Soleure en Suisse d'obtenir une certification F.S.C..

acteurs des objectifs disparates, l'espoir est de constituer en modèle réduit, à l'échelle de chaque propriété forestière, une combinaison jugée *a priori* harmonieuse des différentes "fonctions" de la forêt. Du cumul de ces isolats d'harmonie, une harmonie globale est ainsi censée résulter.

Pourtant capitale dans le domaine des forêts, la question des échelles et des interactions entre échelles et unités de gestion est donc largement négligée par la majorité des dispositifs actuels de certification. Ces derniers éludent la difficulté et font comme si ce qui était valable à une échelle englobante, nationale ou régionale par exemple, demeurait recevable à l'échelle d'une unité de gestion, d'une propriété ou d'une parcelle forestière. Assurément, cette manière d'aborder la gestion durable est susceptible de restreindre considérablement le champ des possibles et la liberté des acteurs, à tous les niveaux. Il est en outre inutile d'en attendre une réponse aux problèmes réels auxquels sont confrontés les acteurs concernés par les forêts.

3. QUE CONCLURE DE CETTE ANALYSE ?

Les approches actuelles de la gestion durable et de la certification se consacrent à la définition de principes, critères, indicateurs et niveaux de performances avant d'avoir conduit une réflexion approfondie sur les objectifs. A quoi l'Europe destine-t-elle ses forêts ? S'agit-il de les vouer à la production de bois, aux activités récréatives, au paysage, à la conservation de la biodiversité ? Dans quelle proportion relative, selon quelle distribution géographique ? De quel type de bois l'Europe a-t-elle besoin, pour quels usages ? Quelles activités récréatives sont acceptables, ou inversement, à décourager ? Sous quelle forme conserver la biodiversité : des réserves intégrales, une gestion étendue à l'ensemble du territoire ? Ces objectifs sont-ils compatibles, quels marges de manœuvre autorisent-ils ?

Cette interrogation sur les finalités en matière forestière est valable à toutes les échelles de territoire, de l'échelle planétaire à l'échelon local. Plus la question est générale, plus elle appelle un approfondissement, plus elle demande de préciser l'objectif et sa signification réelle. Car un même objectif peut recouvrir des significations et avoir des implications très différentes d'un acteur ou d'un groupe d'acteurs à un autre. Car surtout, un objectif prend vraiment son sens par confrontation à des situations concrètes, des territoires dont les caractéristiques physiques et humaines sont toujours spécifiques.

Ainsi, les objectifs "conservation de la biodiversité" ou "production de bois de qualité" renvoient à des appréciations trop différentes d'un acteur ou d'un groupe d'intérêt à un autre pour être vraiment utilisables en l'état. Il est nécessaire d'aller au-delà de cette formulation qui demeure vague pour s'assurer que les acteurs poursuivent bien les mêmes buts, ont les mêmes intentions ; d'essayer de la traduire aux différentes échelles de territoire pertinentes au regard de l'objectif, afin de lui donner une réelle consistance, de vérifier son acceptabilité par les acteurs directement concernés, ainsi que sa faisabilité. Seule une démarche de ce type est de nature à assurer une meilleure cohérence dans les actions réalisées aux différentes échelles de territoire au nom d'un objectif général donné ; seul un processus de ce type est susceptible d'assurer une certaine compatibilité entre les différents objectifs visés et conduire, le cas échéant, aux ajustements nécessaires.

A chaque objectif particulier peut être affecté un ensemble de principes, critères, indicateurs et niveaux de performance. C'est l'objectif ou l'intention de départ qui confère à ces derniers leur pleine pertinence. C'est parce que les acteurs d'un territoire forestier se seront donnés comme objectif de développer les activités liées au bois que des critères tels que la compétitivité internationale de la ressource en bois ou un renouvellement satisfaisant de cette dernière auront de la valeur. Si ce territoire avait opté pour une "forêt paysage", de tels critères auraient perdu tout intérêt ; d'autres critères, renseignés par d'autres indicateurs, auraient dû être conçus.

A l'inverse, s'abstenir d'une interrogation préalable sur les finalités, tout en cherchant à préciser des principes, critères, indicateurs et niveaux de performance, revient à se donner des règles et des obligations *a priori,* sans que leur pertinence soit vraiment fondée. Cette démarche conduit à substituer à la pluralité des réponses possibles aux objectifs explicités, une réponse "passe partout", censée répondre à toutes les attentes possibles. Le débat d'objectifs est de fait remplacé par la quête de la forêt idéale, ou, plus prosaïquement, la quête de la forêt acceptable : une *norme* qui reflète avant tout les conceptions dominantes de certains experts ou de certains groupes d'influence.

En abordant la problématique de la gestion durable sous l'angle de la définition *a priori*, la communauté forestière internationale, de même que les O.N.G. internationales, se dirigent vers une sorte de "foresterie biologique", pendant de "l'agriculture bio". Dans ce contexte, l'écocertification joue le rôle de label vert, qui repose sur une norme constituée de principes, critères et niveaux de performance. Les cahiers des charges utilisés pour une certification forestière ainsi que les recommandations du processus paneuropéen adoptées à Lisbonne en juin 1998, sont à cet égard édifiants. Plus la "gestion durable " est définie à des niveaux de territoire fins, plus elle se restreint à des *prescriptions* "écologiques" (nombre d'arbres morts par hectare, préférence pour une régénération naturelle, protection des bords de ruisseau...) et des exigences en matière de planification, de suivi et de mise en œuvre de la gestion forestière. Le social et l'économique ont a peu près disparu ; la problématique des "besoins à satisfaire" des définitions originelles sur la gestion durable est méconnaissable.

La seconde caractéristique des approches actuelles tient à la faible prise en compte du contexte socio-économique dans lequel s'inscrivent les forêts. L'esprit normatif de la démarche n'y est pas étranger. Les processus internationaux, le F.S.C. ou les autres systèmes de certification forestière sont occupés à la définition et à la négociation de ce qu'est une forêt et un mode de gestion acceptables. En conséquence, ils négligent d'approfondir la réflexion sur le réalisme ou la faisabilité de ce qu'ils prônent. Ils en arrivent à raisonner dans une sorte de monde idéal et fixe, comme si le contexte social et économique était automatiquement favorable à leur idéal de "forêt bien gérée". Il en résulte un effacement quasi-complet des considérations humaines et relationnelles dans les principes, critères et indicateurs. La notion de propriété est elle-même réduite à très peu de choses, *a fortiori*, l'importance des propriétaires forestiers. Un *effort unilatéral* des opérateurs forestiers est attendu afin qu'ils se mettent aux normes, en vue d'obtenir une certification. L'attitude du reste de la société vis-à-vis des forêts, son plus ou moins grand soutien à l'égard des opérateurs forestiers est sortie du champ d'appréciation de la gestion durable dans les cahiers des charges en vue d'une certification forestière.

De telles approches de la gestion durable ne peuvent conduire qu'à la méfiance, au repli sur soi et à l'hostilité : elles sont par nature anti-constructives. En effet, tout l'enjeu pour les environnementalistes et certains usagers consiste à tirer les critères et les niveaux de performance "vers le haut", tandis que propriétaires et gestionnaires forestiers s'ingénient à "limiter les dégâts". Rapidement la négociation perd de vue la réalité des problèmes, quand elle n'en occasionne pas de nouveaux. En définitive, seule une conception négative de la gestion durable et de la certification forestière demeure.

Résister à la tentation de bâtir un indicateur synthétique de développement ou de gestion durable

Du caractère sectoriel des indicateurs actuels, l'idée pourrait germer de construire un "indicateur synthétique" ou "méta-indicateur", obtenu par agrégation de considérations variées, relevant de l'économie, de l'écologie, du culturel et du social. Ainsi serait enfin élaboré un "indicateur de gestion durable". Avant de cautionner un tel projet, la communauté d'acteurs concernés par les forêts se souviendra avec profit de l'Indicateur de Développement Humain (I.D.H.) créé en 1990 par le Programme des Nations Unies pour le Développement (P.N.U.D.). De nombreux observateurs ont salué la création de cet indicateur parce qu'il ne se restreignait pas à des considérations économiques. Au Produit Intérieur Brut par habitant étaient en effet associées des considérations relatives à la santé publique, au niveau d'éducation, à l'espérance de vie, et même à la liberté. Cet indicateur devait servir à des comparaisons entre pays sur l'état de développement respectif des sociétés humaines.

Quelques années plus tard, le bilan s'avère décevant. Dans un article de la revue *Futuribles**, Jean BANETH, ancien Directeur de Département Economie de la Banque Mondiale, se livre à une évaluation de ce type d'indicateur. Selon l'auteur, outre le manque de fiabilité et d'homogénéité dans les données utilisées, *"le biais essentiel dans la construction de ce type d'indicateurs tient à la manière dont sont effectuées les pondérations". "Ces dernières traduisent des arbitrages techniques forcément contestables, souvent aussi des préférences éthiques, philosophiques ou politiques non énoncées"*. Et de conclure : *"'il est illusoire et, éventuellement dangereux, de prétendre mesurer le niveau de développement des pays à l'aune de tels indicateurs"*.

Les différentes composantes de ces indicateurs sont en effet reliées entre elles par des formules mathématiques. De telles formules supposent qu'il existe des rapports constants entre les différentes variables retenues, ce qui est loin d'être établi. Ainsi, l'existence de relations universelles et stables entre taux de scolarisation, espérance de vie et revenu par habitant ne se vérifie pas. De même dans le cas des forêts, aucune loi mathématique valable dans toutes les situations ne relie la biodiversité d'un territoire à la compétitivité de sa ressource en bois ou à sa qualité paysagère. Au surplus, quand il s'agit de concepts éminemment subjectifs tels que le développement, la bonne gestion, la liberté ou le bonheur, le poids donné à tel ou tel paramètre est pour une large mesure dépendant de l'appréciation de chacun, relatif et non absolu.

Sur les questions forestières de même que pour d'autres problématiques complexes, il est vain d'attendre que de tels indicateurs se substituent à la diversité des représentations, des préférences et des objectifs. Les liens qui relient les hommes aux forêts sont beaucoup trop complexes, fluctuants et nombreux pour être appréhendés dans leur complétude par des indicateurs de ce type, aussi sophistiqués soient-ils.

* Les indicateurs synthétiques de développement, in *Futuribles*, mai 1998.

"L'ordre des choses suit son cours, les cabanes cèdent la place aux villages, aux villes, puis aux académies, et pendant ce temps les forêts s'éloignent de plus en plus du centre des clairières.(...) Mais un sentiment nouveau vient de naître : l'angoisse de perdre cette frontière d'extériorité.(...) Sans ces contrées extérieures, pas d'intérieur où habiter."

Robert HARRISON - *Forêts, Essai sur l'imaginaire occidental*

"Chacun de nous garde l'âme calme parce que les avantages qu'il dégage par son travail se paient quelques fois, s'ils se paient, par un déficit creusé ailleurs, et si loin de sa niche qu'il ne le voit pas.(...) Nous contrôlons nos entreprises ponctuelles, aveugles à leurs relations : nous n'avons ni science ni technique des interactions. Nous avons conquis notre efficience par la spécialité, d'où notre impuissance dans la somme."

Michel SERRES - *Statues*

Deuxième partie

Qu'est-ce qui a changé dans les rapports entre les hommes et les forêts ?

L'impulsion donnée par le "Sommet de la Terre" à la problématique du développement durable a eu des retentissements plus ou moins importants selon les domaines considérés. Sur ce plan, le domaine forestier se démarque des autres domaines par la vigueur et le degré d'avancement des travaux et instruments internationaux consacrés à la gestion durable. Pourtant, comme a tenté de le montrer la première partie de ce livre, derrière le foisonnement des initiatives et actions internationales relatives aux forêts, une approche domine largement : la gestion durable des forêts s'apparente de plus en plus à une *norme forestière* qui s'appuie essentiellement sur des critères et indicateurs technico-scientifiques, *centrés sur l'objet forestier lui-même*.

L'objet de cette seconde partie est double. Il s'agit premièrement d'essayer de comprendre pourquoi le domaine forestier a été pareillement réceptif à l'idée de gestion durable. Il s'agit ensuite de permettre une interrogation sur la capacité des démarches internationales actuelles de résoudre les problèmes auxquels sont confrontés les acteurs concernés par les forêts.

Répondre à ces deux préoccupations demande de revenir au contexte forestier mondial contemporain. A cette fin, il est nécessaire de procéder à une explicitation synthétique de la manière dont se pose aujourd'hui la question forestière dans le monde, c'est-à-dire de chercher à décrire les rapports qu'entretiennent aujourd'hui les hommes avec les forêts. Le premier chapitre de cette partie est consacré à la place qu'occupent les forêts dans l'imaginaire contemporain, ainsi qu'à la mise en lumière de certaines conséquences globales inhérentes. Le second chapitre insiste sur la complexification[38] récente des liens qui relient les hommes et leurs activités aux forêts ; cette complexification est source de remises en question et de défis considérables.

[38] Chaque fois que le mot *complexe* apparaît dans cet ouvrage, il doit être compris dans son sens étymologique cum-plexus "tissé entre", qui met le sens sur les interactions, et non restreint au sens de compliqué : "malaisé à comprendre".

Chapitre 3

Quand la forêt est perçue comme un refuge de la nature épargnée

1. L'IMAGINAIRE FORESTIER OCCIDENTAL REACTIVE SELON DES FORMES PROPRES A NOTRE TEMPS

La prolifération des initiatives en faveur des forêts est si rapide, et les caractéristiques de chacune, en apparence, si singulières, qu'il est courant de les considérer sans rapport. Pourtant, le rapprochement d'une gamme variée de ces initiatives suggère qu'un même mouvement de fond les génère.

Il reste donc à trouver la relation entre des manifestations, des attitudes et des actions apparemment disparates : pourquoi, alors qu'ils ont tant de sujets d'importance à traiter, les "grands" de ce monde, réunis hier en G7, aujourd'hui en G8[39], sont-ils

[39] La question forestière est évoquée une première fois au Sommet des 7 pays les plus riches de la planète à Houston en 1990. Elle sera reprise à l'occasion du G8, à Denver, en 1998, sans qu'un accord sur une convention mondiale puisse être conclu.

troublés dans leurs pourparlers par la négociation en coulisse d'une convention mondiale sur les forêts ? Comment expliquer que les O.N.G. internationales de conservation de la nature, dont les revendications en matière forestière n'ont guère changé depuis vingt ans, se retrouvent désormais en position de force par rapport aux professionnels de la forêt, quand ces derniers, il y a peu encore, pouvaient se permettre d'ignorer leur existence ? Quel motif peut bien pousser un constructeur automobile comme Peugeot[40] à consacrer un budget publicitaire considérable à une opération associant reconstitution de terrains forestiers et séquestration de dioxyde de carbone, à proximité de la mythique forêt amazonienne ? D'où vient que les compagnies d'assurance et les banques, les distributeurs de produits à base de bois et les producteurs de magazines considèrent qu'un risque écologique élevé porte sur les opérateurs liés à la forêt et au bois, au point d'exiger sans délai des garanties sur la gestion durable des forêts mises à contribution ? Pourquoi les médias ne manquent-ils aucune occasion pour relater avec force détails les dégradations du patrimoine forestier de la planète, quand tant de désastres humains sont à peine évoqués ?

Voici le mouvement général qui permet de relier ces différents phénomènes : les populations occidentales, citadines pour l'essentiel, après plusieurs décennies d'indifférence, sont depuis peu préoccupées par tout ce qui a trait à la nature, la forêt en étant l'une des figures emblématiques.

Les dirigeants des plus riches pays industrialisés se soucieraient-ils des forêts s'ils ne percevaient que leurs opinions publiques, c'est-à-dire leurs électeurs, n'étaient

---

[40] En octobre 1998, la firme automobile Peugeot annonçait la création du "premier grand puits de carbone", grâce à un projet de plantation de 10 millions d'arbres au Brésil, dans l'Etat de Mato Grosso. Outre la fixation de dioxyde de carbone, cette plantation, vaste de 12000 hectares, vise à soulager la pression sur la forêt amazonienne. Coût de l'investissement : 65 millions de FF.

particulièrement sensibles à ces questions ? Le politique en effet, soucieux de la reconduction de son mandat, de ce fait très attentif aux aspirations profondes de la population et fort habile à les déceler, considère et prononce en premier lieu ce qui entre en résonance avec les préoccupations de ses électeurs. Une logique comparable s'applique aux opérateurs de marché : un argument marketing n'est utilisé et ne fonctionne que dans la mesure où il est en phase avec une inquiétude ou une aspiration latente des consommateurs ; que Peugeot, conseillé par des cabinets de communication renommés, mise une part substantielle de son capital publicitaire sur la forêt illustre combien la cause forestière est "porteuse" dans l'esprit du grand public. La récente influence de certaines associations de conservation de la nature a le même fondement. Tant que les populations, insouciantes de l'état de la nature, étaient mobilisées sur d'autres sujets, les O.N.G. prêchaient dans le désert. Avec l'essor des inquiétudes sur l'état écologique de la planète et la nature en général, elles se voient plus ou moins gratifiées d'un rôle de vigies, aux motifs superficiels et naïfs qu'elles sont en apparence les seules à échapper à des logiques économiques, et à prendre ouvertement la défense de la nature. Enfin, les médias - notamment le journal télévisé - font-ils autre chose que refléter, en les amplifiant, les tendances et les phobies du moment ?

Ainsi, le regain d'intérêt porté par les populations aux forêts du monde entraîne-t-il une recomposition des stratégies des différents opérateurs et institutions. Chacun, à sa manière et dans son champ de prédilection, va tenter de répercuter, d'anticiper ou d'exploiter le mouvement de fond qu'il ressent avec plus ou moins d'acuité. De là, un florilège d'initiatives, directes ou indirectes, à première vue sans grande parenté. Les professionnels de la forêt doivent donc s'attendre au développement des initiatives concernant les forêts et les produits forestiers, ainsi qu'à l'arrivée d'acteurs aussi nouveaux qu'imprévus dans le jeu forestier, hier à cent lieues de s'y intéresser...

Quelques conséquences du regain d'intérêt pour les forêts *

Il est tentant de considérer que les lobbies environnementalistes sont seuls responsables de la perception négative qu'ont les populations de l'état général et du devenir des forêts. Une telle approche du problème consiste cependant à renouer encore et toujours avec la logique du bouc émissaire, à faire comme si les mouvements écologistes et leurs campagnes médiatiques suffisaient à forger cette représentation générale. Mais cela ne permet ni de comprendre ni d'agir de manière adéquate. C'est au contraire l'inquiétude profonde des esprits sur l'état de la nature et de l'écologie de la planète, transférée pour une part sur les forêts, en raison de leur valeur hautement symbolique, qui constitue le changement majeur, le ressort qui propulse les O.N.G., d'autres acteurs aussi, comme brusquement investis d'une mission salvatrice. En conséquence aussi, les gestionnaires habituels de la nature, agriculteurs, forestiers, chasseurs, pêcheurs, et les partenaires économiques auxquels ils sont liés, se retrouvent automatiquement dans une position de suspect, voire d'accusé. Aussi sont-ils tenus de rendre des comptes détaillés - et si possible authentifiés - au reste de la société quant aux incidences de leurs pratiques sur l'environnement, le cadre de vie, les grands équilibres de la terre et de la vie.

* cf. p. 111

Quelques conséquences du regain d'intérêt pour les forêts

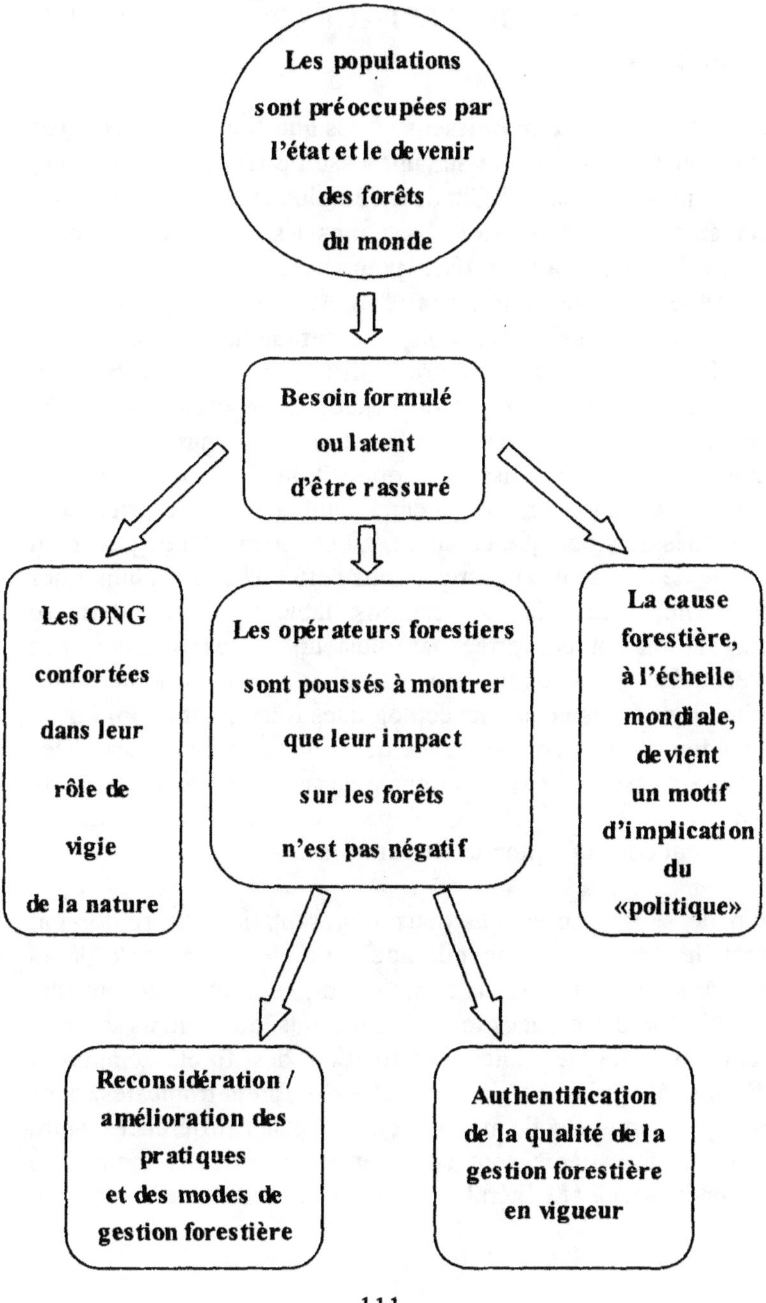

2. UNE INQUIETUDE GENERALISEE A L'ENSEMBLE DES ESPACES FORESTIERS DU MONDE

Mais attention, le réinvestissement des questions forestières par les populations s'effectue sur une base de représentations qui, entre temps, a changé ! Citadines de plus en plus, les sociétés occidentales ont oublié avec le temps les rapports nombreux qui les reliaient aux forêts, pour n'en conserver que des archétypes idéalisés. L'imaginaire forestier qui habite l'esprit de nos concitoyens se trouve alors en contradiction assez radicale avec la perception d'une autre réalité : car si les forêts sont devenues dans l'imaginaire de beaucoup un espace sacralisé, l'un des derniers sanctuaires de la nature vierge, un refuge de la nature sauvage, idéalisé par opposition à l'univers urbain artificiel et agressif, au même moment, les esprits sont imprégnés de l'idée que la nature, globalement, est dégradée ou en voie de dégradation avancée sous l'effet d'activités humaines incessantes, insidieuses et insatiables. Cette dernière appréciation est confortée par plusieurs crises récentes, des incertitudes et des doutes sur les effets possibles de certaines technologies, des accidents écologiques retentissants. En outre, la médiocrité des contacts avec des situations concrètes et les messages essentiellement inquiétants au sujet de l'état de la nature, véhiculés par la plupart des leaders d'opinion, amplifient considérablement les craintes.

Loin de se contrarier, ces deux représentations se renforcent mutuellement : toute nouvelle atteinte à l'intégrité des espaces forestiers du monde, quels qu'ils soient, se traduit par une sur-sacralisation des espaces forestiers restants, quels qu'ils soient... Même si, dans les faits, la situation des forêts tempérées d'Europe n'a guère à voir avec celle des forêts tropicales, dans les esprits inquiets de nos concitoyens, les différences entre situations forestières sont confusément perçues. L'inquiétude est systématique et généralisée, globale au sens où elle s'étend à l'ensemble du globe terrestre et ne considère pas ses fines exceptions - les forêts de l'Europe des quinze ne représentent que 3 % des espaces forestiers du monde ! Il est d'ailleurs facile d'en faire l'expérience : un citadin interrogé sur l'état des forêts françaises évoquera fréquemment des menaces qui renvoient à l'évidence à de toutes autres forêts[41]. Et seule une confrontation avec des situations concrètes lui permettra de s'affranchir pour un temps de la prégnance de la conception ambiante.

C'est cette inquiétude diffuse qu'utilisent à leur avantage certains opérateurs pour pousser leurs idées ou leurs arguments. Les fabricants de crayons à papier à gaine plastifiée, d'articles en acier ou en P.V.C. ont la tâche facile pour disqualifier les produits à base de bois, présentés comme destructeurs de forêts. Certaines O.N.G. internationales recourent également à cette corde sensible pour faire avancer leur propre conception d'une forêt bien gérée et réclamer la mise en réserve intégrale de vastes espaces forestiers.

L'écocertification impuissante à redorer l'image des produits à base de bois

Les professionnels de la forêt, du bois et du papier sont généralement convaincus que le bois constitue l'éco-matériau par excellence, de très loin préférable aux dérivés du pétrole ou du métal en raison de son caractère renouvelable, biodégradable et recyclable. Certaines O.N.G. et divers responsables partagent également cette opinion. Pourtant, auprès des consommateurs, ce matériau continue d'évoquer l'arbre mis à terre et les forêts dégradées, de ce fait suscite parfois hésitations et réticences à l'achat.
Manifestement séduits par les discours d'O.N.G. internationales de conservation de la nature, certains opérateurs de marché espèrent que la certification et la labellisation vont redonner confiance aux consommateurs de produits à base de bois. Le grand public, enfin,

[41] Les résultats des enquêtes sociologiques et des sondages commandités par les administrations forestières de plusieurs pays européens ainsi que de l'Amérique du Nord sont à cet égard édifiants.

serait prêt à reconnaître au bois son caractère d'écomatériau. Deux phénomènes majeurs empêchent cependant qu'un tel résultat soit obtenu par de tels moyens. Premièrement, la perception de l'état des forêts du monde est globale : tant que des atteintes significatives seront portées aux grands espaces forestiers du monde, tant que dominera l'idée d'une nature dégradée à l'échelle planétaire, c'est l'image d'ensemble des forêts, du bois et des acteurs qui y sont liés qui sera affectée ; il est donc illusoire de croire qu'en "faisant le ménage chez soi", même après avoir obtenu l'approbation de certaines O.N.G., l'appréciation générale de la gestion forestière et des produits à base de bois sera sensiblement améliorée. En second lieu, la certification et la labellisation, procédures techniques pour initiés, sont incapables de remédier au problème dont découle pour une bonne part l'amalgame entre situations forestières du monde : l'absence de contact direct et prolongé avec des situations forestières de terrain, et, au-delà, avec la "nature" en général.

Il y a lieu de se demander au contraire si les procédures de certification forestière et de labellisation des produits à base de bois ne vont pas nuire au bois et à l'image des produits à base de bois. En raison de leur coût, ces procédures risquent en effet de renchérir sensiblement les produits à base de bois, et de les disqualifier par rapport à d'autres matériaux qui, pour le moment, échappent à la logique de la certification. Au surplus, si les démarches de certification/labellisation peuvent avantager localement certains opérateurs forestiers et industriels en les aidant à se démarquer de leurs concurrents, il n'est pas certain qu'au total cette logique de la différenciation commerciale serve l'image globale du bois et des produits à base de bois. La simple apposition d'un label "bois issu de forêt bien géré" sur certains produits peut en effet laisser entendre qu'il existe toujours des forêts exploitées de manière irresponsable : comment peut-on espérer reconquérir la confiance des consommateurs et des opinions publiques avec un message aussi ambigu ?

3. UNE SOLUTION AU PARADOXE FORESTIER

Les acteurs liés à la forêt et au bois n'ont pas encore reconnu que la perception globale qu'avait la majorité de leurs contemporains de l'état, des menaces et du devenir souhaitable des forêts, comptait plus que les caractéristiques tangibles des situations forestières de terrain qu'ils sont à peu près les seuls à pouvoir constater. Aussi ont-ils quelque peine à résoudre un paradoxe fort gênant : les discours politiques grandiloquents en faveur des forêts sont légions, pourtant les moyens financiers escomptés tardent à venir.
Si les crédits au bénéfice des forêts ne suivent pas, c'est que l'opinion commune consiste à croire que la seule action qui vaille au sujet des forêts, c'est de ne pas y toucher, de prendre des mesures de protection draconiennes et de laisser le milieu en l'état. Cette approche inspirant des esprits largement ignorants des contraintes et enjeux forestiers, noyés sous une rhétorique du catastrophisme écologique de la planète, dont chacun, plus ou moins consciemment, se fait le relais, est celle que retient, en fin de compte, le décideur politique : effet de nombre oblige.

La même explication vaut pour le décalage entre les déclarations d'intention complétées de longues listes de propositions d'actions que produisent les processus internationaux sur la gestion durable et leurs faibles traductions concrètes, dès lors qu'elles demandent des moyens financiers spécifiques. Les textes sont rédigés en comité restreint par des experts et des spécialistes des administrations forestières, puis entérinés par les Ministres correspondants. Cependant, ils ne parviennent pas à emporter l'assentiment des autres composantes de la société. *L'esprit de ces textes et les préconisations inhérentes sont en trop grand décalage avec la représentation générale sur l'état des forêts pour susciter une adhésion de la communauté politique au projet des forestiers et déterminer une réorientation des fonds publics.* En fin de compte, seules les mesures législatives, ayant force obligatoire, demeurent ; les mesures incitatives restent le plus souvent lettre morte et les Etats donnent l'impression de ne plus savoir faire autre chose que d'occasionner des contraintes sans fin.

4. QUE SIGNIFIE L'IDEALISATION CONTEMPORAINE DE LA NATURE-FORET ?

La forêt a toujours été à la fois source d'émerveillement et d'angoisse. Démon, créatures antédiluviennes, ogres dévoreurs d'enfants et grand méchant loup y côtoient l'enchanteur Merlin, la bonne fée Morgane, quelque lutin ou elfe bienfaisant. A quoi peut bien tenir ce pouvoir ambivalent ?

Les récits et légendes indiquent la réponse. La forêt fait ou défait le chevalier : si celui-ci n'est rien sans l'amour de sa dame et la reconnaissance de ses pairs, ces distinctions ne sont possibles qu'une fois l'aventure en forêt courue en solitaire, qu'une fois accomplie, au péril de la vie, la prouesse dont la narration au château vaudra la réputation de preux. L'ermite occidental se retire du monde corrupteur et s'abandonne à la solitude profonde de la sylve afin d'être au plus proche de son Dieu. Le brigand, le rebelle, le proscrit échappent aux serres de leurs poursuivants sous les frondaisons épaisses. Est-ce à dire alors que la forêt s'oppose au monde organisé par les hommes, que nul de ce fait n'irait vraiment en forêt sans quelque raison impérieuse ? *La règle paraît générale en effet : des hommes vont en forêt pour se soustraire à la loi des hommes en société. En d'autres termes, la forêt commence là où la loi des hommes s'arrête. Réciproquement, la société apparaît là où la forêt marque le pas : la clairière.*
De là l'impression duale que suscite la forêt, espace de liberté, de découverte mais aussi source de frayeur devant l'inconnu, donc aussi lieu de toutes les épreuves. La norme du groupe est sans emprise sur la forêt, refuge de l'a-normal. La règle demeure-t-elle valable aujourd'hui ?

Dans la cité contemporaine, dans ce qui s'apparente de plus en plus à une mégalopolis unique de dimension planétaire, la loi des hommes est presque exclusive. La nature y est reléguée à une place interstitielle, entre le béton et le bitume. Tonitruance permanente des moteurs, air vicié par les gaz d'échappement, nuit polluée par les éclairages publics, slogans publicitaires omniprésents, horizon occulté par des murailles de bureaux et de détresse, la ville contemporaine use et agresse. Le citadin se prend alors à rêver de calme, de solitude, d'évasion : enfin échapper à la loi du groupe, enfin échapper au regard de l'autre et au sentiment de mal-être qu'il renvoie. Dans l'exaltation de la nature qui s'ensuit, peut-être plus encore que la montagne ou la mer, la forêt constitue plus ou moins consciemment le lieu fantasmé de retraite : rien de mieux en effet que les arbres pour cacher la forêt d'hommes.

Quand il parle de l'occident médiéval, l'historien Jacques LE GOFF décrit donc aussi bien l'époque contemporaine[42] : "*la grande opposition n'est pas celle entre ville et campagne comme dans l'antiquité (...) mais le dualisme fondamental culture - nature s'exprime davantage à travers l'opposition entre ce qui est bâti, cultivé et habité (...) et ce qui est proprement sauvage (mer, forêt, équivalents occidentaux du désert oriental), univers des hommes en groupes et univers de la solitude.*"

Voilà le *bien* le plus rare de nos jours, le plus menacé, le plus convoité bientôt : un espace non soumis à la loi des hommes.

[42] L'imaginaire médiéval, Jacques LE GOFF, Editions Gallimard,1991.

5. QUELLES CONSEQUENCES POUR LES OPERATEURS LIES À LA FORET ET AU BOIS ?

Face à l'émergence de ce nouvel imaginaire naturel et forestier, la position des acteurs liés à la forêt et au bois n'est pas des plus aisées. Quand quatre-vingt-dix pour cent de la population des pays riches est convaincue que les forêts du monde sont en danger, que seules des mesures radicales permettront d'éviter le pire, cette représentation dominante risque un jour ou l'autre de faire que les forêts soient considérées comme un *bien* commun et mises sous scellés, la seule intervention humaine jugée acceptable étant... la "gestion des incendies".

Dans les années à venir, les opérateurs forestiers auront donc à gérer la *tension* entre les intérêts réels et nombreux d'une gestion active des forêts et d'un prélèvement raisonné de ressources forestières telles que le bois, et l'imaginaire forestier général qui, spontanément, va à l'encontre de l'idée d'intervention humaine en forêt. Les voies à mobiliser pour y parvenir seront nécessairement plus sophistiquées que des campagnes publicitaires ou de sensibilisation grand public visant à combler un prétendu "déficit de communication". La prégnance d'un imaginaire ne se modifie pas à coups de slogans, durent-ils être élaborés par quelques grands cabinets de communication.

Les révélations issues de la comparaison entre deux monastères

Cf. photos de couverture
Mieux qu'une enquête d'opinion ou une étude sociologique, la Très Grande Bibliothèque Nationale donne à voir, en modèle réduit, l'évolution radicale du rapport de la société aux forêts. Autrefois réservé au jardin, le cloître aujourd'hui devient forestier. L'étymologie latine faisait de la forêt un espace "en dehors", le changement de représentation contemporain la place "en dedans". Jadis conquérante, la forêt s'opposait aux efforts de l'homme pour cultiver la terre ; depuis, le rapport de force s'est inversé : "apparemment domptée" par une armada de techniques, la nature ne semble plus en mesure de résister à la progression de l'homme. De fragile et précaire qu'il était, le jardin n'est plus que chose banale ; la forêt en revanche est l'objet du péril. De menaçante qu'elle était, la forêt est désormais perçue comme menacée. Espace secret et sacré, la forêt devient le lieu de médiation entre les hommes d'ici-bas et les puissances d'en haut.

[43]*"In the wilderness lies the preservation of the world"*
H.D. Thoreau

[44]*"I am glad I shall never be young without wild country to be young in"*
Aldo Leopold

[45]*"Today's appreciation of wilderness represents one of the most remarkable intellectual revolutions in the history of the human thought about the land"*
R. Nash

Hors la "wilderness[46]", pas de nature ?

(cf. p. VII du cahier couleur)

La "wilderness" - la "nature sauvage" en anglais américain - est au cœur des débats internationaux sur la conservation des espaces naturels. L'influence puissante de la pensée écologiste nord-américaine suggère que cette idée de "wilderness" pourrait marquer l'esprit des négociations relatives à la gestion durable des forêts du monde, en particulier des forêts européennnes.
Ce "concept" de wilderness a été créé et développé par les pères fondateurs de la protection de la nature d'Amérique du Nord : Thoreau, Muir et Leopold. Le terme est repris dans l'intitulé même du système de gestion des espaces naturels des Etats-Unis[47]. La démarche de ces précurseurs, actuellement nommés les "philosophes de la wilderness", a ainsi conduit à des réalisations très concrètes dont la création des parcs nationaux est sans doute la plus notable. L'idée de "wilderness" demeure très féconde. Elle donne lieu à des réflexions synthétiques sur la manière dont les milieux naturels sont perçus[48], et sur les problèmes que pose leur conservation.

---

[43] *"C'est dans la wilderness que réside la clé de la préservation du monde".*
[44] *"Je suis heureux de ne pas avoir à être jeune sans territoire sauvage".*
[45] *"La conception actuelle de la wilderness constitue l'une des révolutions intellectuelles les plus remarquables dans l'histoire de la pensée humaine au sujet de la nature".*
[46] "Wild" (sauvage, barbare) a pour origine la racine indo-européenne "welt" ou "uelt", qui signifie justement "forêt".
[47] "The National Wilderness Preservation System", créé par une loi du président Johnson en 1964.
[48] Voir à ce sujet l'ouvrage récent de Max Oelschlaeger, cité dans la bibliographie.

Pourtant, ce concept créé en Amérique du Nord est-il vraiment adapté à tous les espaces naturels ? "Wilderness". renvoie au caractère sauvage de régions naturelles dont le caractère exceptionnel justifie la protection. Ainsi, en mettant l'accent sur la conservation de ces zones hors du commun - qui peuvent être très vastes en Amérique du Nord[49] -, cette démarche admet tacitement que le reste du territoire est plus ou moins abandonné aux impératifs *a priori* dégradants des activités humaines. L'idée d'une "vraie" nature par opposition aux régions habitées est largement reprise par les thèses des écologistes fondamentalistes qui plaident pour une nature sans homme. Cependant, l'idée de Muir était bien de conserver une nature sauvage pour l'homme, et plus particulièrement, pour les citadins des grandes villes :

> [50]*"Thousand of tired, nerve shaken, overcivilized people are beginning to find out that going to the mountains is going home ; that wilderness is a necessity.(...) Mountain parks and reservations are useful not only as fountains of timber and irrigating rivers, but as fountains of life".*

Le concept de "wilderness" met en lumière la contrainte paradoxale de la protection de la nature et de sa "gestion durable" : comment parvenir, volontairement et par des sacrifices consentis, à conserver des espaces sauvages et libres, pour que l'homme y trouve une source d'épanouissement et d'inspiration. Il s'agit à la fois d'encourager la population à profiter de ces espaces naturels fragiles et de limiter la fréquentation humaine pour en éviter l'altération.

En pratique, l'idée de "wilderness" correspond parfaitement aux grandes étendues sauvages des Montagnes Rocheuses, et aux mesures à prendre pour les conserver. En revanche, elle ne rend certainement pas compte des liens tissés durant dix à vingt siècles entre une

---

[49] La surface du seul Parc National de Yellowstone est de 8991 km2, soit 1,6 % de la superficie de la France.

[50] *"Des milliers d'individus fatigués, stressés, hypercivilisés commencent de réaliser qu'aller dans les montagnes est comme revenir à la maison; que la wilderness est une nécessité. (...) Les parcs montagneux et les réserves naturelles sont indispensables, non seulement comme sources de bois et d'eau, mais aussi comme sources de vie".*

population rurale et son territoire en Europe moyenne.

Pour approcher d'une gestion "durable" des forêts européennes, il serait sans doute utile de formuler une conception des espaces naturels plus pertinente que l'idée de "wilderness" telle qu'elle a été forgée en Amérique du Nord. Cette représentation devrait rendre compte des liens entre les hommes et leurs territoires ruraux. Il apparaît clairement qu'une telle démarche aboutira à des " formes de nature " variées selon les cultures et le degré d'occupation des territoires. La "wilderness" constituerait ainsi une forme de nature parmi d'autres.

Il serait très dommageable que la protection de la nature s'accompagne d'une normalisation des objectifs et des représentations. Faut-il rappeler que les auteurs de "la stratégie mondiale pour la biodiversité" (WRI, PNUE et UICN 1992)[51] ont proposé de considérer la diversité culturelle des populations humaines ? En Europe, la répartition des forêts entre les propriétaires, la variété des modes de gestion et la distribution des espaces forestiers dans les territoires constituent des atouts qu'il serait regrettable d'ignorer. Il est clair que "l'idéal forestier" sera propre à chaque pays de la communauté européenne, et différent aussi de celui ou de ceux de l'Amérique du Nord. Le maintien de nos richesses culturelles et naturelles passe également par le respect de cette diversité.

"L'oiseau ignore le vertige : pour lui, l'air est plein (...). Je pense que nous vivons, affectivement et mentalement, dans un monde vide. Je vais essayer de reprendre nos problèmes dans un monde plein. Un monde qui nous résiste, nous limite mais nous répond et nous soutient, nous nourrit et nous féconde."
Le monde plein, R. Hainard

[52]*"We did not think the great open plains, the beautiful rolling hills, and windingstreams as "wild". Only to the white man was nature a "wilderness".*
attribué à Luther Standing Bear, chef de la tribu Oglala.

---

[51] World Research Institute; Programme des Nations Unies pour l'Environnement; Union Internationale pour la Conservation de la Nature.
[52] *"Nous ne considérions pas les vastes plaines, les collines harmonieuses et les ruisseaux sinueux comme "sauvages". La nature n'est une wilderness que pour l'homme blanc"*, Chef Sioux Oglala.

Chapitre 4

A la recherche de la référence perdue...

Il y a peu encore, la question "qu'est-ce que bien gérer les forêts ?" pouvait paraître relativement simple à traiter. D'ailleurs, le corps[53] forestier donnait l'impression de la résoudre seul, sans avoir à craindre de réelle remise en cause. Souverain en son domaine, le forestier avait la maîtrise de la *référence*, cette dernière étant entendue comme le modèle parfait ou l'image idéale de la forêt bien gérée. Malgré des différences d'école, l'homme de l'art disposait d'un ensemble somme toute assez réduit de théories, de techniques et de savoir-faire qui devait lui permettre de se rapprocher de son idéal de forêt.

---

[53] Dans ce texte, chaque fois que le mot *corps* apparaît associé à l'adjectif forestier, il convient de le prendre dans son acception large de "l'ensemble des spécialistes d'un domaine donné ou de l'ensemble des personnes exerçant une même profession", et non dans son utilisation restreinte de "grands corps de l'Etat".

Un ensemble d'évolutions invalide aujourd'hui ce schéma. Avec la transformation de la société, la globalisation des échanges et la révolution de l'information, l'essor démographique et les développements de la technique, des interactions nouvelles surgissent entre les hommes et les forêts : la réponse à la question "qu'est-ce que bien gérer les forêts ?" dépend aujourd'hui d'un nombre beaucoup plus grand d'acteurs et de facteurs. Avant d'envisager les conséquences qui en découlent, les grandes origines de ce phénomène sont rappelées.

1. LES ORIGINES DE LA MUTATION DE LA REFERENCE FORESTIERE

1.1. Diversification des besoins et des attentes vis-à-vis des forêts

Au cours des dernières décennies, des rôles essentiels à "l'homéostasie" de la planète et à la qualité de la vie des hommes ont été reconnus aux espaces forestiers du monde : lutte contre l'effet de serre et séquestration du dioxyde de carbone ; épuration de l'air urbain ; régulation des eaux de ruissellement et qualité des eaux ; réserve de biodiversité ; source de bois et de produits forestiers pour divers usages ; élément structurant du paysage et support d'activités de plein air... Chacune de ces questions renvoie à des univers d'acteurs singuliers, caractérisés par des contraintes et des enjeux propres, des experts et des groupes d'intérêt particuliers, des règles, des langages et des habitudes spécifiques. Cette situation tend à rendre plus difficile qu'avant une approche globale et cohérente des questions forestières. En effet :

- Les opérateurs forestiers n'ont plus l'apanage de la formulation des besoins et des objectifs relatifs aux forêts comme cela pouvait être le cas ces dernières décennies. A chaque rencontre internationale ayant trait à l'écologie de la terre, au climat, au développement durable, à l'énergie..., des responsables, non spécialistes des questions forestières, prennent, au nom de leur pays, des engagements qui sollicitent assez directement les espaces forestiers. Une pléiade de nouveaux acteurs investit les questions forestières ; celles-ci ne sont plus seulement débattues à l'occasion des assemblées de forestiers.

- Les attentes et besoins exprimés par ces acteurs vis-à-vis des forêts ou de certaines dimensions forestières sont des plus disparates. Chacun défend sa propre logique, ses contraintes et enjeux spécifiques, dans l'indifférence ou l'ignorance de ceux des autres le plus souvent. Il s'ensuit un risque élevé de concurrence entre les différents objectifs prônés, leur compatibilité étant loin d'être évidente.

- Les discours et les rapports ont tendance à traiter séparément les contributions et les rôles variés des forêts. Chacun sait cependant que ces différents aspects sont suffisamment imbriqués dans la réalité pour ne pas pouvoir être gérés indépendamment les uns des autres. Toutefois, la connaissance de ces interdépendances demeure très insuffisante.

1.2. Multiplication des acteurs influents et essor des interactions

Les espaces forestiers sont soumis à l'action croissante d'opérateurs et de facteurs éventuellement très distants. Trois grands types de considérations le montrent :

- Le financement de l'activité du forestier, sous ses deux formes essentielles, les recettes consécutives à la commercialisation du bois d'une part, le soutien par la société au travers des subventions, des aménagements de la fiscalité ou des aides à l'investissement d'autre part, implique un nombre grandissant de personnes. A mesure que se renforce l'internationalisation des marchés, les acteurs forestiers deviennent plus dépendants des caractéristiques des autres territoires forestiers du monde, de leur compétitivité relative en particulier, des changements dans les préférences des consommateurs, des innovations technologiques. L'existence de débouchés, la valeur des bois ou des forêts elles-mêmes sont fonction d'un contexte qui dépasse de beaucoup la localité ou le pays dans lequel est implantée la forêt. Consommateurs, distributeurs de produits à base de bois, donneurs d'ordre et concurrents constituent donc des acteurs à part entière de la gestion forestière, dans la mesure où ils ont une incidence effective et accrue sur ses performances et ses perspectives. En contrepartie du paiement de l'impôt et des taxes, les citoyens veulent et voudront probablement en savoir toujours plus sur l'utilisation des fonds publics. L'Etat et les collectivités seront tenus de rendre des comptes de plus en plus transparents et justifiés à la Nation et au reste du monde. L'ensemble des financements publics en faveur des forêts sera de plus en plus discuté et conditionné par des considérations dépassant le cadre des préoccupations relevant typiquement des forestiers.

- L'essor des influences à distance, d'origine artificielle, constitue le second changement considérable. Nuage radioactif consécutif à l'accident de la centrale nucléaire de Tchernobyl, rejet de fumées industrielles à l'origine de pluies acides, enrichissement global de l'atmosphère en dioxyde de carbone... sont autant de déterminants qui pèsent sur la gestion forestière et ses résultats. Propriétaires et gestionnaires forestiers sont généralement sans grande prise sur de tels phénomènes.

- Enfin, doit être souligné l'accroissement de la puissance des groupes humains, dans leur capacité démultipliée d'agir, et notamment de nuire. Que cette puissance s'exprime au travers de la pression démographique ou via le recours à des appareillages et des technologies, l'homme a acquis la capacité de modifier radicalement son environnement. Concentrée dans quelques mains, cette puissance peut conférer à des individus une force de frappe considérable, au point de rendre très vulnérables les milieux naturels. De l'acte de terrorisme écologique potentiel au simple dérangement par le promeneur du dimanche, réitéré des milliers de fois en un temps bref, la pression exercée par les groupes humains sur leur environnement est devenue une composante majeure de l'évolution des espaces naturels. L'avenir des forêts ne dépend pas que de l'attitude des forestiers ; la société dans sa totalité, ainsi que chaque individu, a une responsabilité forte dans leur devenir.

1.3. Explosion des représentations

La manière dont chacun se représente la forêt lui est propre. Aussi, l'image qui hante l'esprit de chacun de ce qu'est une belle forêt n'a aucune valeur universelle. En retour, cette représentation conditionne pour partie le regard porté par chaque individu sur les situations forestières.
Or, pour trois raisons essentielles, l'époque contemporaine se caractérise par une diversification de la représentation des forêts, avec des conséquences significatives pour les opérateurs liés à la forêt et au bois.

L'urbanisation croissante des populations conduit à une perte de contact avec les situations de terrain. Dans ces conditions, l'image que se forgent les populations des forêts procède d'un mélange de légendes, de récits, de lectures et d'images souvent catastrophiques "vues à la télévision". Forêts qui partent en fumée, rhétorique pesante du désastre écologique planétaire imminent, grand méchant loup et récits de science-fiction s'amalgament pour produire un imaginaire forestier où les deux motifs dominants semblent être le mystère, dans toute son ambivalence constitutive, et la nature menacée.

Cette représentation ambiguë qui tend à idéaliser la forêt, à y voir un sanctuaire de la nature, a des incidences bien réelles. Confrontées à une réalité forestière qui ne coïncide pas avec la représentation qu'ils en ont, de nombreuses personnes sont scandalisées : des plantations d'arbres en ligne, des engins forestiers futuristes opérant dans la solitude des bois, des arbres pluricentenaires mis à terre, des opérations forestières révélant une intervention humaine, sont autant de chocs susceptibles de bouleverser le profane. Le professionnel, lui, n'y voit rien d'extraordinaire et ne parvient pas à comprendre l'effroi, l'indignation ou la révolte qu'il provoque chez son prochain-lointain de la ville. Or ce sentiment est d'autant plus fréquent et accusé que la circulation des personnes se développe ; que le temps de loisir et de découverte augmente ; que le catastrophisme sur l'état alarmant de l'écologie de la planète se répand, notamment chez les jeunes générations ; que les comparaisons entre pays, régions et unités de gestion se systématisent.

Enfin, pour ceux qui ont un contact plus direct et plus assidu avec les espaces forestiers, d'autres représentations, sans doute plus réalistes, complexes et variées, s'élaborent. Elles n'en sont pas moins spécifiques et déterminées par les intérêts préférentiels de chaque acteur, sa région d'origine, sa formation, son métier, ses objectifs... Un industriel du bois d'une région montagneuse n'aura pas la même représentation de ce qu'est une belle forêt qu'un écologue méditerranéen ou un forestier d'Ile de France. Chacun aura une prédilection pour certaines essences, certaines ambiances forestières, certaines formes d'arbres et certains éléments forestiers.

1.4. Bilan : la crise de la référence

(cf. p. 130 et 143)

Alors que les forêts sont soumises à des influences de plus en plus nombreuses et variées, directes et indirectes ; que les attentes et les besoins vis-à-vis des forêts se diversifient et se renforcent, du niveau le plus local au niveau planétaire ; que les représentations des forêts se singularisent ; la question "qu'est-ce que bien gérer les forêts ?" ne peut manifestement pas être résolue uniquement par des spécialistes et relever avant tout de considérations techniques. Ou alors, c'est qu'un objectif dominant et souvent implicite, ne reflétant probablement que les attentes d'une classe d'acteurs, retient l'attention.

Cette question revêt au contraire une forte dimension politique, dans le sens fort du terme où elle convoque l'ensemble des acteurs concernés par les forêts. Plus encore qu'hier, la bonne gestion se mesurera donc d'abord au degré de correspondance entre des choix d'objectifs impliquant les forêts, et les modes de gestion mis en œuvre et résultats obtenus. Les questions "qu'est-ce que bien gérer les forêts ?" et "à quoi destinons-nous les forêts ?" sont indissociables.

C'est dire aussi que l'homme et les considérations humaines deviennent essentiels dans le traitement de cette question. Il apparaît en effet que l'état et le devenir des forêts dépend toujours plus de l'attitude des hommes à leur égard, de la qualité des relations entre les hommes concernés par les forêts également. Les décennies passées avaient masqué ces interactions et leur portée potentielle dans les pays européens : les avancées rapides de la science, le contexte socio-économique favorable d'après guerre et l'influence du corps forestier étaient suffisamment propices au développement du dessein propre aux forestiers pour restreindre l'influence de la société sur les questions forestières. Voilà que tout change et qu'à grande vitesse, de multiples interactions se manifestent de nouveau avec évidence.

En somme, la question "qu'est-ce que bien gérer les forêts ?" demeure aujourd'hui sans réponse. Comme à d'autres époques de l'histoire des forêts, mais en des termes propres à notre temps, la référence forestière est en crise, au sens où personne n'est capable aujourd'hui de fournir une réponse à cette question, satisfaisante aux yeux de tous.

Représentation simplifiée des origines et des conséquences de la crise de référence forestière

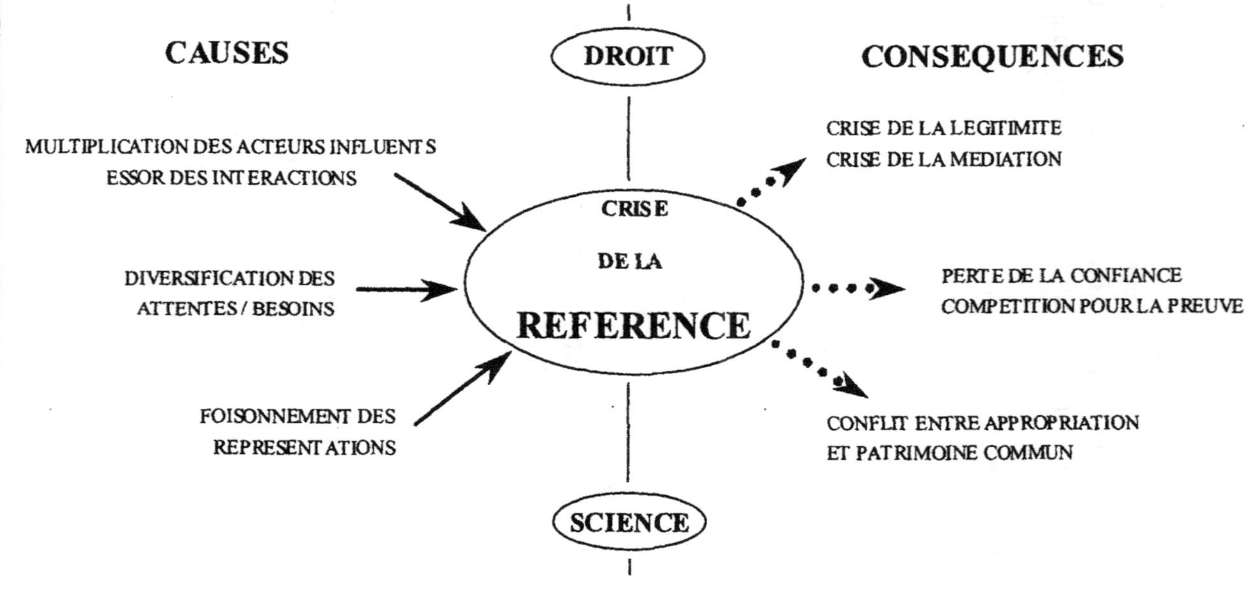

2. LES CONSEQUENCES DE CETTE MUTATION

2.1. Crise de la légitimité, crise de la médiation

Les évolutions rappelées précédemment bouleversent la configuration où les questions forestières étaient progressivement devenues du seul ressort des spécialistes, et débattues entre seuls initiés.

Une remise en question de la légitimité du forestier à décider souverainement du destin des forêts en résulte. Dans plusieurs pays, un vent de critique se lève sur les opérateurs forestiers. Le reproche majeur qui leur est adressé est de mettre exagérément l'accent sur l'arbre, le peuplement forestier et la production de bois, sans donner aux autres dimensions de la forêt ou du territoire sur lequel elle est ou pourrait être implantée, une importance suffisante.
Le forestier est jugé partisan. Sa capacité à appréhender et traduire effectivement l'ensemble des attentes et besoins vis-à-vis des forêts n'est pas jugée pleinement satisfaisante, soit qu'il en oublie plus ou moins délibérément, soit qu'il ne sache pas comment y répondre, soit qu'il ne soit pas en mesure d'y parvenir, avec les moyens techniques, financiers et humains mis à sa disposition.

La critique est particulièrement forte dans le cas des forêts publiques de certains pays. Le continent nord américain en fournit l'expression la plus vive. Partant de l'idée que les forêts publiques appartiennent à la Nation, divers groupes d'intérêt contestent une situation où les fonctions de gestionnaire et de décideur ont fini par se confondre : en définissant des objectifs pour les forêts et en réalisant eux-mêmes les éventuels arbitrages, les services forestiers outrepasseraient les attributions d'un gestionnaire.
En général issues du "corps forestier", les administrations forestières ont eu à subir le souffle parfois véhément de la

contestation. Dans plusieurs pays, les forêts, traditionnellement sous la coupe du Ministère de l'Agriculture, ont été rattachées au Ministère de l'Environnement : depuis une décennie, un pays effectue chaque année ce transfert. Plus généralement, les Etats deviennent des lieux où, par Ministère interposé, chaque groupe d'intérêt va tenter de faire prévaloir ses vues. Une pluralité de politiques sectorielles (conservation de la nature, énergie, emploi...) sollicitent les forêts, les politiques forestières tendant à devenir des politiques résiduelles, au lieu de traduire une approche cohérente, globale et stratégique.

Un changement assez capital en découle. Faute de s'être dotés des conditions et moyens pour assurer un débat véritablement constructif autour des sujets forestiers, les Etats se voient contester leur rôle de médiateur entre d'une part les propriétaires et gestionnaires forestiers, et, d'autre part, les usagers et autres acteurs de la société.

L'expression la plus visible de cette remise en question de la capacité de médiation des Etats est illustrée par les développements de la problématique de la certification forestière. Il est généralement admis que les Etats ne peuvent pas délivrer eux-mêmes de certification, au motif qu'ils sont à la fois juge et partie. Cela revient à dire qu'ils ne sont pas considérés comme un acteur neutre et indépendant, qui serait effectivement capable de trouver la meilleure médiation entre les intérêts des différents parties intéressées par les forêts.

2.2. Crise de la confiance, compétition pour la preuve

En l'espace de quelques décennies, la méfiance s'est généralisée à l'ensemble des considérations, l'ensemble des acteurs, surtout lorsque leur appartenance à des intérêts économiques est établie. Le phénomène affecte le domaine forestier comme les autres domaines. Aussi est-il préférable de l'évoquer dans ses caractéristiques générales plutôt que de le considérer dans ses applications strictement forestières. Cinq grands facteurs, à tout le moins, permettent de rendre compte de ce phénomène.

- Depuis les deux coups de tonnerre d'Hiroshima et Nagasaki, la foi placée dans le progrès et la science a été ébranlée. Plusieurs crises récentes liées au vivant, l'accident de la centrale nucléaire de Tchernobyl, l'affaire du sang contaminé, la maladie de la vache folle, entretiennent ce climat de perplexité. Le scepticisme est d'autant plus grand que simultanément, les effets "positifs" du progrès paraissent moins évidents : des maux presque oubliés semblent revenir en force ; à l'échelle planétaire, la misère prospère.

- Les mathématiques contemporaines ont consacré l'extrême importance des conditions initiales dans l'évolution des systèmes ; le monde et son devenir semblent moins déterminés que jamais, soumis aux contingences, aux effets chaotiques, à la singularité des hommes et des événements. Les sciences du vivant et la théorie des systèmes ont consacré l'importance des interactions, la complexité du monde plus généralement. Tout paraît infiniment plus flou, compliqué, relatif, interdépendant. Confrontées aux responsabilités sans précédent qui s'ensuivent, les populations se sentent désemparées.

- Les esprits sont imprégnés de l'idée que la nature, dans ses replis les plus intimes, est menacée, dégradée, en voie d'artificialisation avancée, sans que nul ne connaisse avec certitude l'ampleur des dommages, ni les risques encourus.

- Tout choix implique de renoncer à certains possibles. Mais qui peut bien prouver que le choix arrêté est effectivement le "bon", sera vraiment favorable "au bilan", pour l'ensemble de la société ? Il n'est pas possible de prédire avec certitude les conséquences d'une décision : relevant *a priori* du bon sens et apparemment judicieuses, certaines actions ont pourtant eu des effets catastrophiques quand d'autres, douteuses dès leurs prémices, se sont avérées en définitive plutôt bénéfiques.

Malgré les avancées des savoirs et des techniques, la distinction entre catégories du bien et du mal semble toujours plus délicate à opérer.

- Enfin, "le climat général des affaires" couplé au sentiment de disparition de la moralité autorise toutes les conjectures et toutes les suspicions : nul n'est épargné, individu, entreprise, institution publique. Tout choix d'acteur ou de groupe d'acteurs apparaît suspect de volonté de domination, suscite tant et si bien la contestation des uns que le doute s'installe chez les autres. La notion même d'intérêt général est contestée, tant sa traduction paraît refléter avant tout les jeux de pouvoir des plus influents.

Or, plus les esprits doutent, plus ils sont avides de garanties, plus ils demandent que ce qui est avancé constitue une vérité établie, vérifiable au moyen de faits attestés et incontestables : en bref, soit prouvé.
L'essor des démarches de certification témoigne de la recherche désespérée de garanties absolues dans un monde où tout est devenu sujet à caution, foisonnant d'incertitudes et de doutes vertigineux. En somme, moins il y a de certitudes, plus grand est le besoin de certifications. Le succès des formules "risque zéro", "maîtrise de l'ensemble des paramètres du cycle de vie d'un produit" participe de ce phénomène. Jusqu'à ce que, un jour, par révélations successives, hélas ! probablement liées à des accidents de parcours retentissants, les belles promesses se lézardent. Alors, peut-être, la conscience s'imposera que ces garanties absolues n'étaient que des slogans publicitaires ; que les cahiers des charges en vue d'une certification de systèmes complexes traduisent une conception singulière et réductrice, loin d'appréhender correctement les situations et les enjeux.

En attendant, se lève une nouvelle forme de compétition, dont le commerce, intrépide, s'empare. Dans un contexte de saturation récurrente des marchés, toutes les fois où le prix et les caractéristiques tangibles des produits se standardiseront,

c'est sur d'autres critères, non visibles au premier abord, que le marché départagera les concurrents.
Le bois est-il issu de forêt gérées durablement ? Les conditions de travail des ouvriers respectent-elles les conventions internationales sur les droits de l'homme ? Des enfants sont-ils impliqués dans le processus de production ? Les ethnies minoritaires de ce territoire ont-elles été consultées avant l'ouverture de cette mine ? Pouvez-vous fournir des garanties indéniables de ce que vous avancez ? C'est sur la preuve apportée à ce type de questions et sur d'autres encore, à peine imaginables aujourd'hui, que la compétition de demain se profile. La preuve consistera à établir la conformité d'un produit, d'un procédé de fabrication et de ses impacts sur l'environnement naturel et humain à un cahier des charges plus ou moins long et exigeant. Ainsi la preuve revêt-elle un double aspect : elle est à la fois contenu et contenant, argumentaire adapté à son objet et procédure de contrôle de la véracité de ce qui est annoncé.

Contrairement aux idées reçues, dans les périodes de dépression des marchés et de crise dans la société, les préoccupations éthiques et environnementales, loin de passer au second plan, seront encore plus décisives dans le comportement du consommateur. Celui-ci désormais veut tout à la fois, le prix, la qualité et les garanties : l'un n'empêche pas les autres ; l'un sans les autres, surtout en période de crise, donc de concurrence accrue, c'est risquer d'offrir moins que le concurrent pour le même prix, et disparaître tôt ou tard.

Il faut donc inverser la formule : plus la crise sera aiguë, plus les prix s'égaliseront par nécessité, plus les qualités et garanties "périphériques" au produit deviendront déterminantes dans les choix préférentiels du consommateur, plus la "preuve" deviendra une composante stratégique de la compétition.
Mais quelle "preuve" ? Sur des questions complexes telles que la gestion durable, qui mobilisent un grand nombre d'acteurs et de facteurs, il n'existe pas de référence absolue, admise et

valable automatiquement par tous. *Les termes mêmes de la preuve, plus encore que ces modalités de contrôle, feront donc l'objet d'un débat et d'une compétition acharnée.* Cette compétition pour la preuve et le contenu de cette preuve iront bien au-delà du commerce et des échanges marchands ; progressivement, c'est l'ensemble des procédures et des organes de la société qui risquent de s'y trouver engagés.

2.3. Conflit entre appropriation et patrimoine commun

Ces évolutions et leurs effets s'accompagnent de l'une des plus grandes tensions qui puissent être pour la société humaine. Comme à d'autres époques critiques se repose en effet la question de l'étendue du champ d'application de la propriété, de sa relation et de sa compatibilité avec les exigences de la société dans son ensemble.

Pour le propriétaire, l'appropriation se caractérise en effet par le droit et le pouvoir de donner l'objectif de son choix à l'espace qu'il possède, pendant le temps qu'il désire - dans les limites imposées par le cadre collectif et légal. Et c'est précisément ce pouvoir ou ce droit qui aujourd'hui est remis en question alors que tant de personnes, pourtant non propriétaires, expriment des attentes et promeuvent des objectifs dont la compatibilité avec les droits et les projets des propriétaires n'a rien d'assuré.
Alors que cette tension est sous-jacente à l'ensemble des débats et initiatives contemporaines relatives aux forêts, il est très préoccupant qu'elle soit aussi peu reconnue, explicitée et investie, comme s'il était effectivement possible d'agir valablement en la passant sous silence. Cette attitude s'enracine dans un double comportement d'évitement.

Les propriétaires et leurs alliés, agressés et inquiétés par les évolutions récentes, se replient sur eux-mêmes, s'arc-boutant sur la loi et les droits du propriétaire, plutôt que de poser le problème publiquement et de chercher à le traiter en profondeur. En réaction, nombre d'acteurs, d'institutions, font comme s'ils ignoraient l'existence de la propriété, pour se contenter d'invoquer des notions transcendantes, telles que le "patrimoine commun de l'humanité", les "besoins des générations futures", la nécessité d'une "solidarité planétaire". Au total, la tension fondamentale entre l'existence d'une propriété forestière et la reconnaissance de dimensions forestières relevant du patrimoine commun de l'humanité demeure cachée, non investie. Cette situation est malsaine : faute d'être portée au grand jour, cette tension inavouée suscite force peurs et incertitudes ; des réactions incontrôlables pourraient s'ensuivre dont les forêts, sans doute, auraient à pâtir.

Quand la fable s'avère prophétique
Le chat, la belette et le petit lapin

Du palais d'un jeune lapin
Dame belette, un beau matin,
S'empara : c'est une rusée.
Le maître étant absent, ce lui fut chose aisée.
Elle porta chez lui ses pénates, un jour
Qu'il étoit allé faire à l'aurore sa cour
Parmi le thym et la rosée.
Après qu'il eut brouté, trotté, fait tous ses tours,
Jeannot lapin retourne aux souterrains séjours.
La belette avoit mis le nez à la fenêtre.
O dieux hospitaliers, que vois-je ici paroître ?
Dit l'animal chassé du paternel logis.
Holà ! madame la belette,
Que l'on déloge sans trompette,
Ou je vas avertir tous les rats du pays.
La dame au nez pointu répondit que la terre
Etoit au premier occupant.
C'étoit un beau sujet de guerre,
Qu'un logis où lui-même il n'entrait qu'en rampant !
Et quand ce seroit un royaume,
Je voudrois bien savoir, dit-elle, quelle loi
En a pour toujours fait l'octroi
A Jean, fils ou neveu de Pierre ou de Guillaume,
Plutôt qu'à Paul, plutôt qu'à moi.
Jean Lapin allégua la coutume et l'usage :
Ce sont, dit-il, leurs lois qui m'ont de ce logis
Rendu maître et seigneur, et qui, de père en fils,
L'ont de Pierre à Simon, puis à moi Jean, transmis.
Le premier occupant, est-ce une loi plus sage ?
Or bien, sans crier davantage,
Rapportons-nous, dit-elle, à Raminagrobis.
C'était un chat, vivant comme un dévot ermite,
Un chat faisant la chattemite,
Un saint homme de chat, bien fourré, gros et gras,
Arbitre expert sur tous les cas.
Jean lapin pour juge l'agrée.
Les voilà tous deux arrivés
Devant sa majesté fourrée.
Grippeminaud leur dit : mes enfants, approchez,
Approchez ; je suis sourd, les ans en sont la cause.
L'un et l'autre approcha, ne craignant nulle chose.
Aussitôt qu'à portée il vit les contestants,
Grippeminaud le bon apôtre,
Jetant des deux côtés la griffe en même temps,
Mit les plaideurs d'accord en croquant l'un et l'autre.

Jean de LAFONTAINE, Maître des Eaux et Forêts

LE CHAT, LA BELETTE ET LE PETIT LAPIN

"Cliché Bibliothèque Nationale de France, Paris"

La situation actuelle s'apparente à la fable qui met en scène le conflit de propriété opposant un certain Jean lapin à une Dame belette. Dans l'affrontement qui se lève entre forestiers et O.N.G. de conservation de la nature, quelle puissance arbitrale mettra d'accord les protagonistes, pour le malheur de tous, et celui des forêts ?

3. LES DEMARCHES INTERNATIONALES ACTUELLES, UN REMEDE ADAPTE A L'ABSENCE DE REFERENCE CONSENSUELLE ?

Alors que la société a changé, les Etats n'ont pas su faire évoluer les modalités de la médiation qu'ils sont censés assurer entre le monde forestier et le reste de la société. Ils ne se sont pas dotés des méthodes ni des moyens qui permettraient à l'ensemble des acteurs concernés par les forêts de construire ensemble une référence, sur des bases et selon des principes acceptables par tous.
La difficulté réside donc dans l'élaboration d'une nouvelle référence qui reçoive l'agrément de l'ensemble des parties concernées par la forêt, sans pour autant déstabiliser les droits et la responsabilité des propriétaires et gestionnaires forestiers.

En attendant règne l'indétermination : si l'enjeu pour les uns consiste à conserver leur influence dans la définition de la référence cependant que les autres vont tenter par tous les moyens d'imposer leurs vues, qui peut bien dire ce qui résultera d'un pareil affrontement ?

Ainsi se comprend mieux la finalité profonde de la certification aux yeux de certaines O.N.G. internationales de conservation de la nature. Derrière le certificat ou le label qui éblouit, le véritable enjeu porte sur la définition du cahier des charges. Par le truchement des principes et critères du F.S.C. ou d'autres schémas de certification à dominante environnementale, un cadre rénové, propice aux conceptions des O.N.G., est instauré : l'établissement de la nouvelle référence forestière - en l'occurrence, le cahier des charges de la certification - sera déterminé par ce cadre. La certification forestière n'est donc pas tant une occasion pour les O.N.G. de s'ouvrir à de nouveaux métiers, d'élargir leurs sources de financement. Il s'agit avant tout d'un outil pour reprendre une certaine maîtrise dans la définition de la référence forestière.

Cette analyse est généralisable : les grandes initiatives internationales relatives aux forêts peuvent en effet s'interpréter comme une succession de tentatives destinées à passer outre la *tension* entre "appropriation des forêts" et "patrimoine commun de l'humanité". Dans la pratique, ces initiatives ressemblent plutôt à des instruments visant à forcer les opérateurs forestiers, sinon à modifier leur référence, du moins à ne plus la définir souverainement, sans l'assentiment des autres parties intéressées par les forêts (cf. p. 142).

Malheureusement, ces instruments étant d'abord des instruments de conquête et de pouvoir, ils ne sont pas réfléchis afin de constituer des réponses constructives et adaptées aux problèmes et enjeux forestiers, actuels et à venir. Calés pour l'essentiel sur des démarches normatives, ils sont impuissants, à eux seuls, pour appréhender la complexité de la question forestière contemporaine. Ils risquent même d'aggraver les situations tant ils suscitent de désarroi chez certains acteurs.

Ces instruments n'ont pas été promu par des forestiers ; ceux-ci les subissent tout au contraire. Cependant, la confiance excessive du monde forestier en son excellence et son hésitation à affronter avec détermination les enjeux contemporains sont pour beaucoup dans l'attitude et les stratégies des autres acteurs. Un ensemble d'attitudes et de comportements sera donc à l'origine de ce qui pourra advenir.

Les démarches internationales : remède ou accélérateur de la crise de référence ?

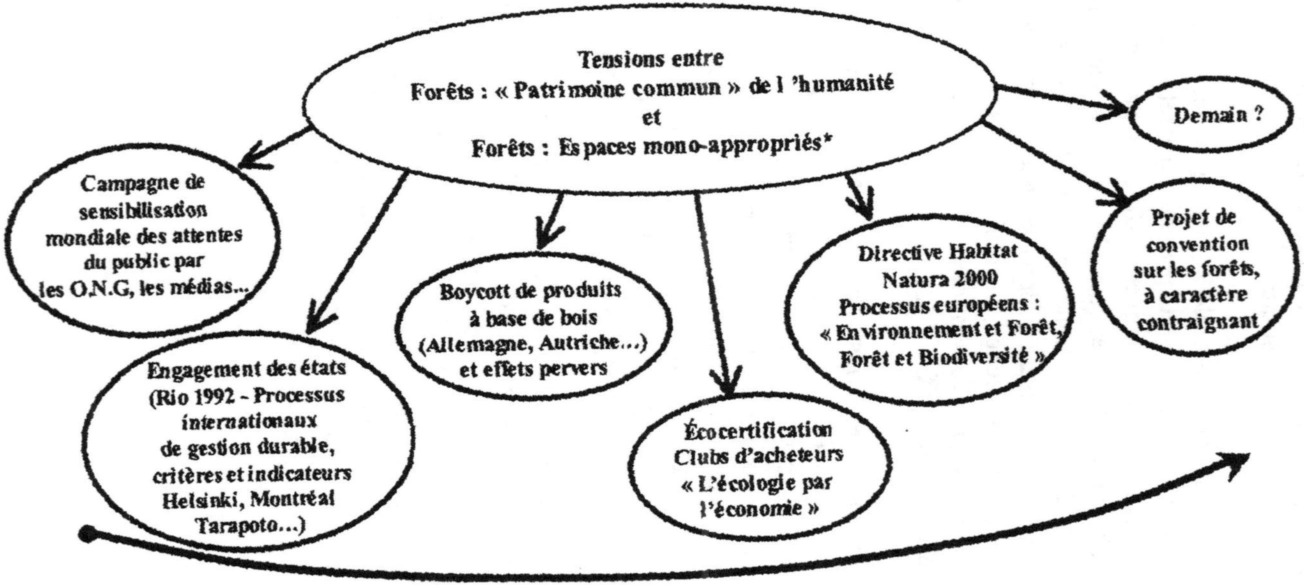

* *Appropriation : droit, pour un propriétaire, de donner l'objectif de son choix à l'espace qu'il possède pendant le temps qu'il désire.*

DE L'EVOLUTION DE LA SIGNIFICATION DE "BIEN GERER LES FORETS"

	Ces dernières décennies	Désormais et plus encore demain
Objectif	La référence est celle du forestier ➔ **Objectif implicite**, pré-supposé	Plus de référence absolue, partagée par tous ➔ **Objectif indeterminé** (autant d'objectifs que d'acteurs ou de groupes d'acteurs)
Modalités	Faible nombre d'acteurs influents Ressource en propre ou par Etat (administrations forestières) ➔ **Modalités assez fixes**	Multiplication des acteurs influents + interactions croissantes + développements technologiques, foisonnement de représentations… ➔ **Plus rien n'est acquis**
Sujet de débat	Bien gérer = bien gérer au sens du forestier ➔ Itinéraire technique à mettre en œuvre (par exemple futaie jardinée ou régénération naturelle ou plantation à une essence forestière dominante, le débat portant sur la densité de plantation, les travaux à faire et les dates d'intervention)	Les finalités (quelles forêts pour quels objectifs ?) Les modalités pour les atteindre (au sens large) Bien gérer = - Préciser des objectifs qualité acceptés par tous - Préciser les modalités pour les atteindre effectivement - Ajuster en permanence… (notion de continuité)
Nature de la réponse	Technique et idéologique Débat "d'écoles" sur considérations techniques	Stratégique (cf. 3ème partie)

Le développement durable selon Rio

« Le développement durable est un développement qui répond aux besoins du présent sans compromettre la capacité des générations futures à satisfaire les leurs. »

Rapport Bruntland (1987), repris par la C.N.U.E.D.

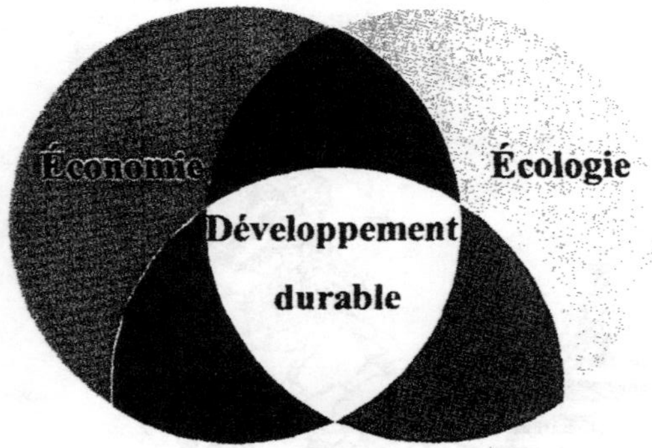

Illustration courante de la notion de développement durable qui souligne les « dimensions » en jeu et la nécessité de les considerer conjointement.

Les forêts du monde "couvertes" par des processus intergouvernementaux de définition de critères et indicateurs de gestion durable

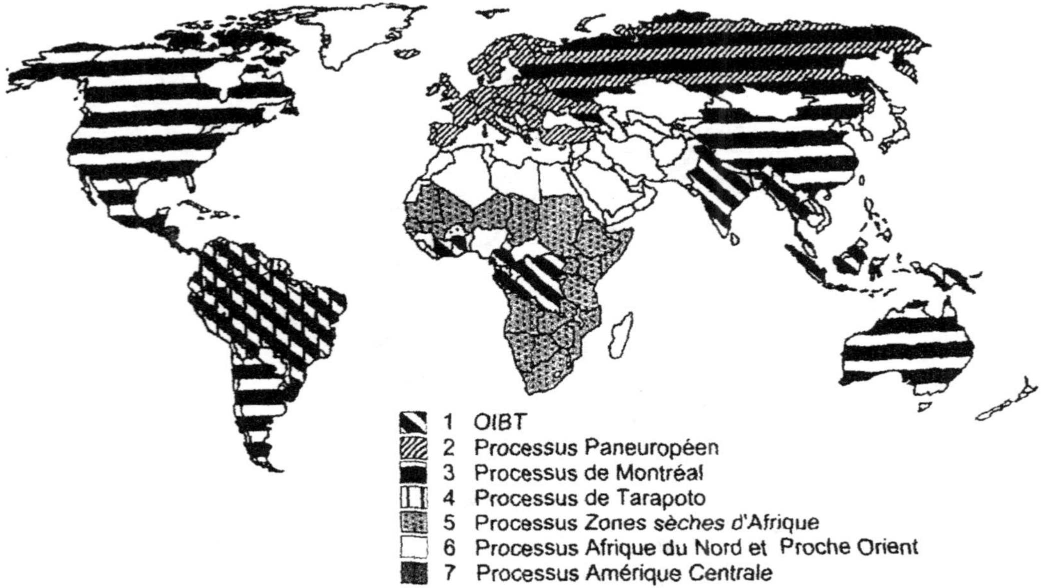

Source : Séminaire Intergouvernemental sur les critères et indicateurs de gestion durable des forêts. Rapport général, août 1996

Architecture générale des critères et indicateurs du Canada

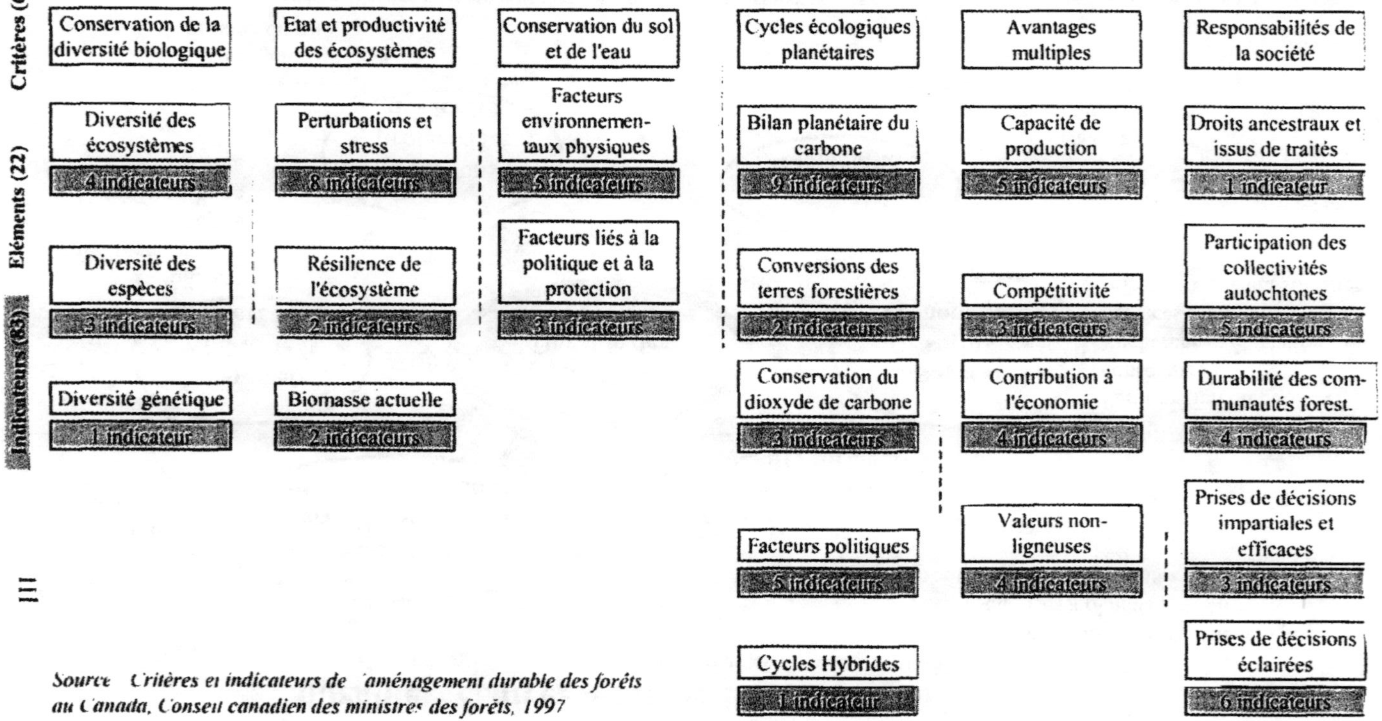

Source : Critères et indicateurs de l'aménagement durable des forêts au Canada, Conseil canadien des ministres des forêts, 1997

Processus paneuropéen : une approche de la gestion durable « centrée » sur les forêts elles-mêmes

(Les six critères et les principaux domaines de préoccupation)

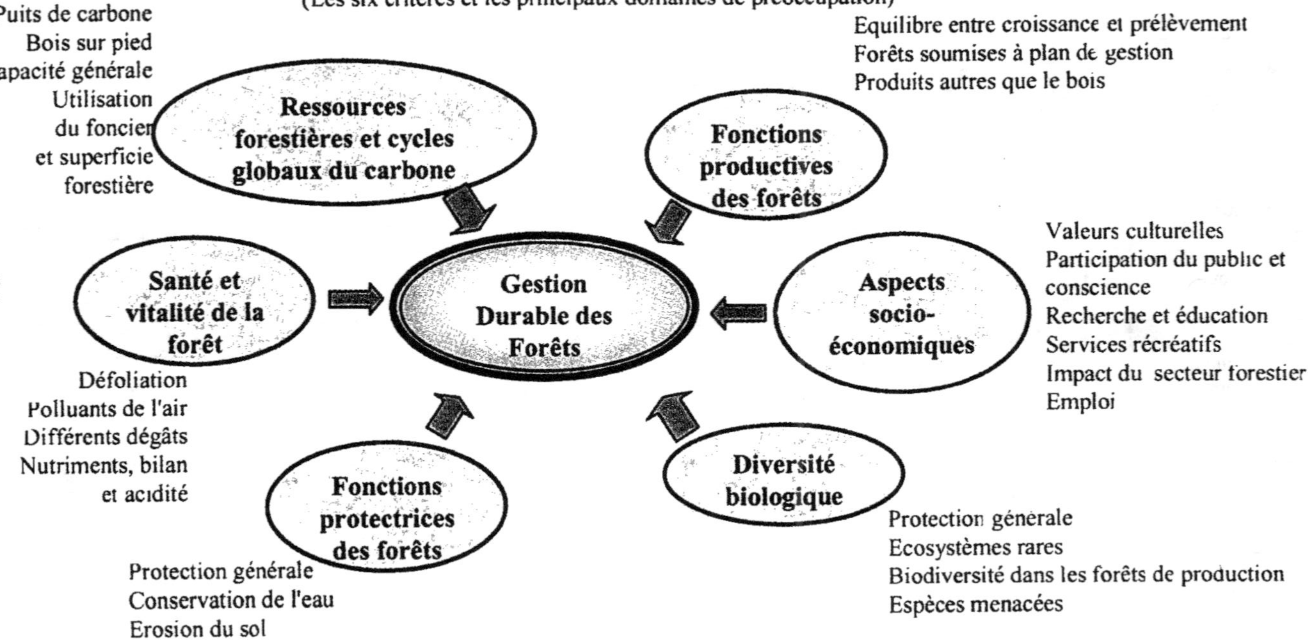

Source : Séminaire intergouvernemental sur les critères et indicateurs de gestion durable des forêts. Rapport général, août 1996

Les étapes nécessaires à l'obtention d'un label « gestion durable »

Source *AFOCEL, 1997*

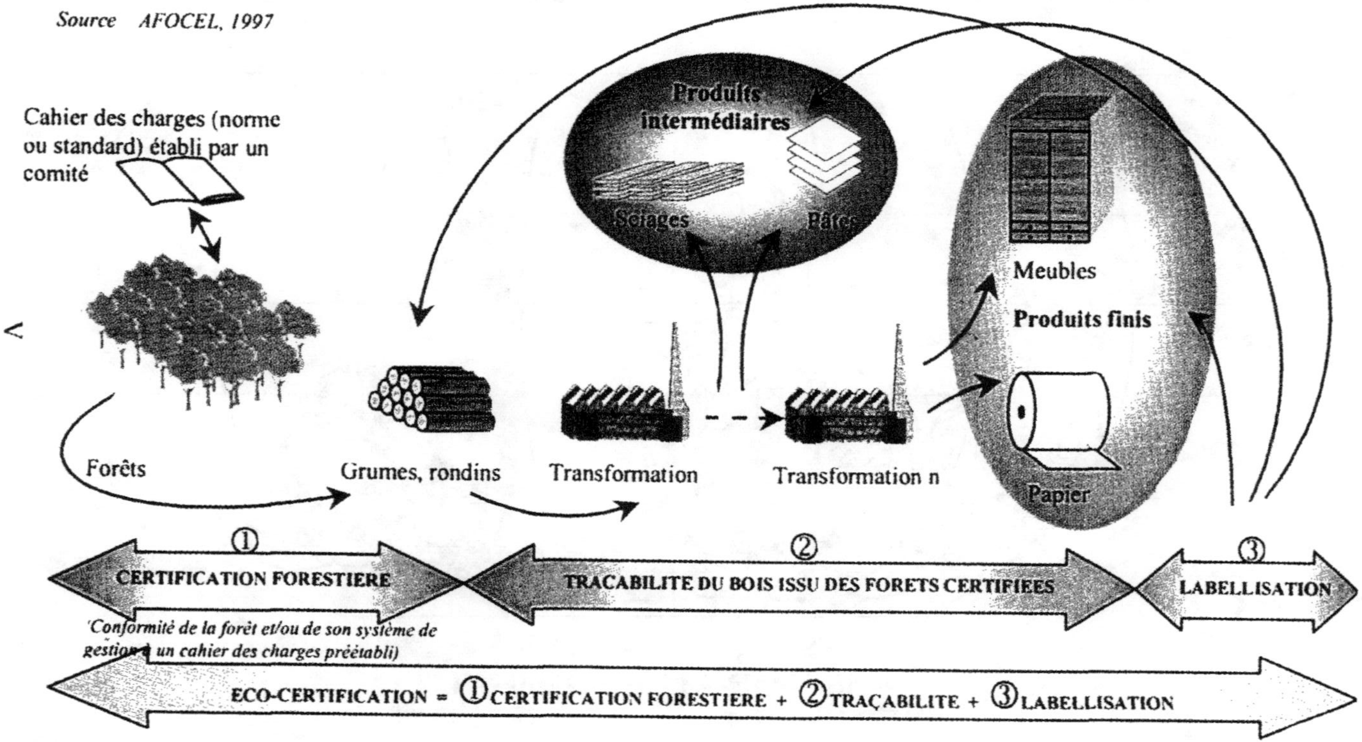

Localisation des Forêts certifiées selon le standard du F.S.C.

WORLD CONSERVATION MONITORING CENTRE

FSC

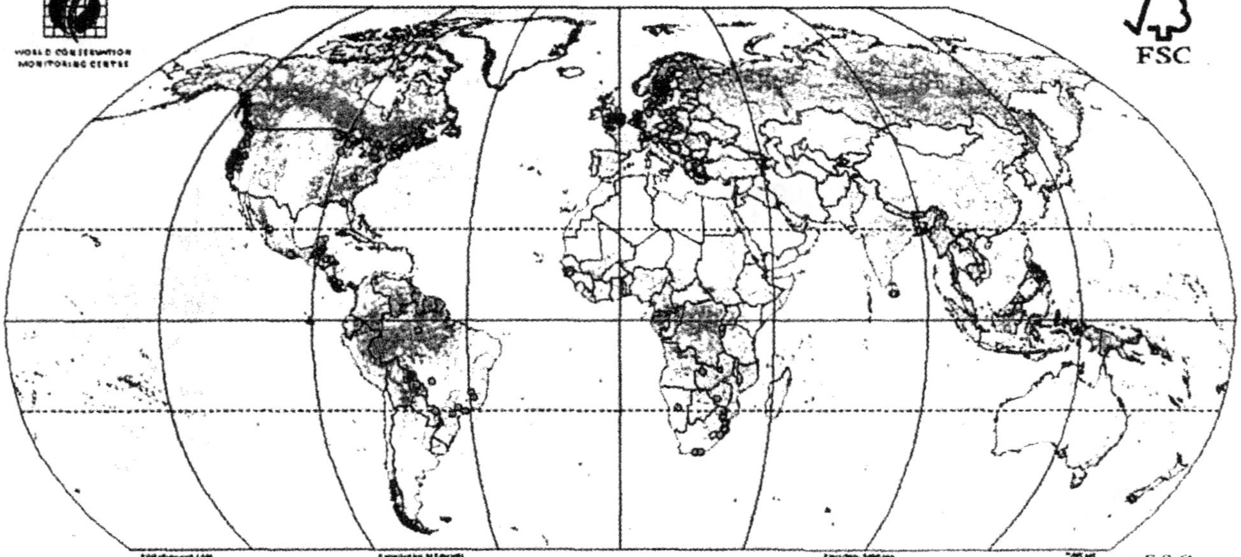

Source : F.S.C.

Hors la wilderness, pas de nature ?

Le concept de wilderness apparu aux USA n'a pas une valeur universelle. Les liens tissés entre les hommes et les territoires en Europe le montrent parfaitement.

Parc national de Bryce Canyon aux Etats-Unis (photo : Pierre Boudinot)

Bocage breton (photo : Editions Jos)

Les champs d'application du développement durable

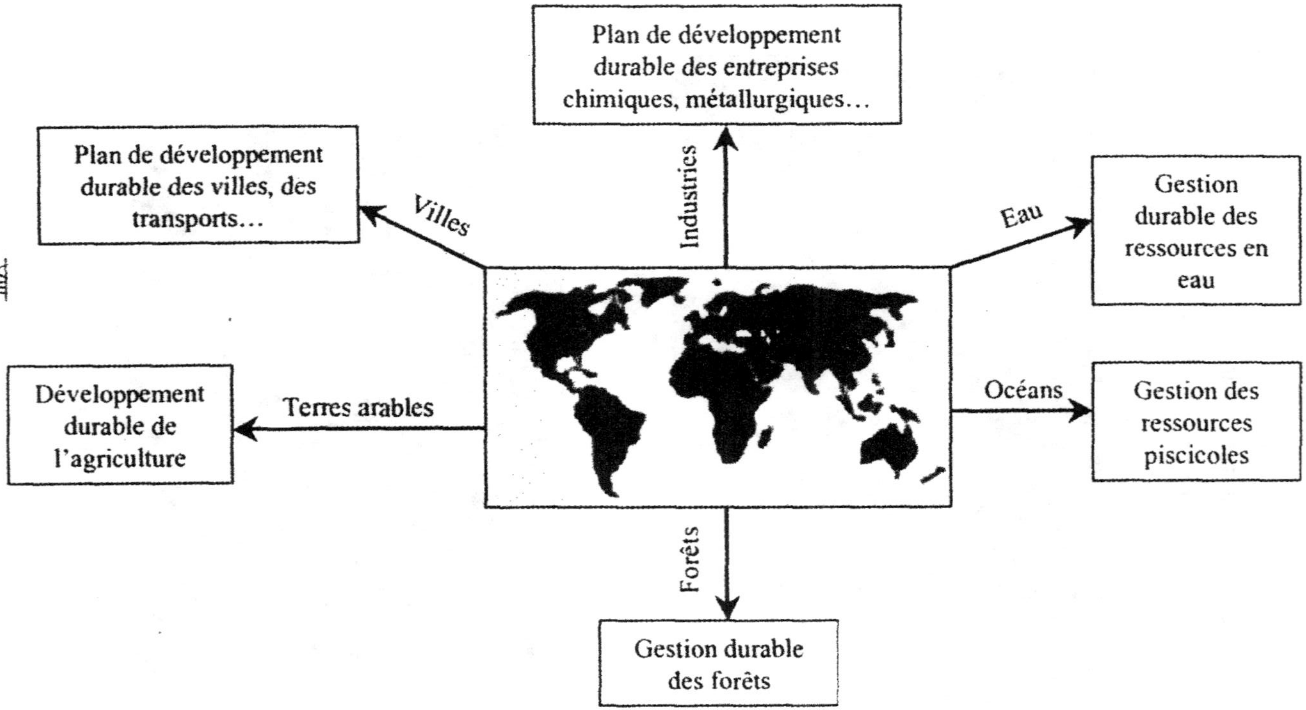

"La gestion en patrimoine commun du vivant planétaire impose que le maintien de la qualité de la nature soit au plus profond, non un signe de contrainte, mais un signe de convivialité entre les hommes."

Henry OLLAGNON, Gérer la nature

"Nous revenons donc au point de départ : envisager cet endroit selon une plus vaste perspective. Qu'est-ce qu'une plus "vaste perspective" ? Une perspective à propos des perspectives."

Gregory BATESON, Cette époque qui ne tourne plus rond

Troisième partie

Pourquoi et comment faire évoluer le mode d'appréhension des questions forestières ?

Le Sommet de la Terre a posé le problème du développement durable sous l'angle des relations entre les hommes et leur environnement. En réalisant que là où les besoins des hommes ne sont pas satisfaits, l'environnement subit souvent une dégradation inexorable, Rio soulignait le lien existant entre la satisfaction des aspirations des hommes et la conservation des potentialités de leur environnement naturel. De là, l'importance de la notion de "*besoins à satisfaire*" dans les définitions originelles du développement durable ; de là, aussi, l'importance donnée à l'homme et aux relations entre les hommes afin de conserver l'intégrité des milieux naturels.

Rio a donné une impulsion considérable aux initiatives publiques et privées en faveur de la gestion durable, que la première partie du présent document a tenté d'analyser. Dans la pratique cependant, ces initiatives se heurtent à la complexité des questions forestières. En tentant de définir *a priori* la gestion durable par des principes, critères et indicateurs, elles sont conduites à se concentrer sur "*l'objet forestier*" lui-même, à ne plus s'intéresser qu'aux conditions techniques et scientifiques de sa "durabilité intrinsèque" ; aussi en arrivent-elles à donner trop peu d'importance au contexte socio-économique général, ainsi qu'à la qualité des relations entre les hommes concernés par les forêts. *In fine,* les besoins des différents acteurs sont trop peu pris en considération : une réduction considérable du champ d'investigation couvert par la *durabilité* s'est opérée.

Au regard de la complexité contemporaine des rapports entre les hommes et les forêts, évoquée dans la deuxième partie de l'ouvrage, l'approche dominante par "principes, critères et indicateurs focalisés sur l'objet forestier lui-même" se révèle insuffisante. En effet, elle est sans réelle prise sur une multitude d'acteurs et de facteurs qui, cependant, influent de manière croissante sur la destinée des forêts. En outre, il est difficile d'espérer de cette approche qu'elle contribue à changer la représentation globale des populations et à favoriser leur implication constructive vis-à-vis des forêts.

Alors qu'elle promettait une appréhension plus globale des questions forestières, la notion de gestion durable, ou plutôt, l'utilisation qui en est faite, s'avère donc décevante : les approches internationales développées en son nom ne sont pas à la hauteur des problèmes et enjeux forestiers contemporains et à venir.

D'où vient que l'idée de gestion durable ne semble pas en mesure de tenir ses promesses ? Quelles conséquences redouter d'approches internationales de la gestion durable en trop grand décalage avec les problèmes et les projets effectifs des acteurs concernés par les forêts ? De l'approfondissement préalable de ces questions, il sera possible d'induire un ensemble d'options stratégiques, de préconisations et de modalités pratiques, susceptibles de participer à la fondation d'un mode rénové d'appréhension des questions forestières.

Certification forestière et labellisation des produits à base de bois : la peur aux commandes

De volontaire qu'elle est en principe, la certification forestière est en passe de devenir obligatoire. La majorité des acteurs est convaincue que cette procédure n'a pas le potentiel d'améliorer sensiblement les situations forestières. Pourtant, tout le monde se précipite pour avoir son certificat, son label. Pourquoi ?

L'explication réside dans le fait que la certification touche aux marchés ou risque de les affecter. Il aura suffi qu'un opérateur de marché s'empare de l'affaire dans un but de différenciation commerciale pour qu'automatiquement ses concurrents se sentent dans l'obligation de le suivre. Car être en reste, c'est risquer de perdre des parts de marché dans un contexte social où les préoccupations environnementales sont croissantes. Plus la sensibilité du marché est sujette aux incertitudes, plus les esprits s'agitent, le contexte de crise économique latent renforçant le phénomène. Il aura suffi qu'un distributeur anglais[54], proche des milieux environnementalistes internationaux mise sur la certification forestière et le label F.S.C., pour que le mouvement se propage.

Le consommateur final et son comportement n'ont rapidement plus d'importance : le mouvement s'amplifie de lui-même, nul n'estimant pouvoir lui échapper, que le consommateur soit sensible ou non à un certificat ou un label. Du coup, la gestion durable est oubliée, seule compte l'obtention d'un certificat, d'un label. Le cahier des charges qui les sous-tend, l'idéologie qui les inspire, les conséquences éventuellement dommageables pour les forêts et les acteurs qu'elles concernent, nul opérateur de marché n'en a vraiment cure.

De telles spirales infernales, fondées sur le mimétisme et la peur, sont capables de faire basculer le monde économique dans des démarches dont l'issue est très incertaine : le marché continue d'être aveugle. Qui peut les arrêter ? Les Etats ? A ce jour, ces derniers se sont mis en retrait des questions de certification forestière, estimant qu'elles relevaient de l'initiative privée et du seul marché. Ils laissent alors se

[54] Il s'agit en l'occurrence de la chaîne de distribution anglaise B & Q, grande promotrice de la certification et du label F.S.C.

développer des cahiers des charges censés constituer un "contenu" de la gestion durable, en assez nette rupture avec ce que les processus intergouvernementaux, au travers de résolutions, de jeux de critères et indicateurs, prônent comme vision de la gestion durable. Les propriétaires forestiers alors ? Pressés par les demandes de certains industriels, impressionnés par les mouvements de vaste envergure que suscite la certification, les responsables forestiers sont eux-mêmes les otages de la peur. En tentant de contrecarrer les initiatives des O.N.G. par un autre dispositif de certification, dont l'esprit en fin de compte diffère à peine de celui qu'ils voulaient combattre, ils avivent finalement la spirale de la certification. Finalement, un monstre est apparu, dont personne n'a vraiment souhaité l'existence, mais que chacun a nourri de ses peurs. Après les grèves de la faim, les campagnes médiatiques, les opérations de boycottage, certaines O.N.G. internationales de conservation de la nature ont trouvé une arme redoutable. En s'alliant au système marchand, en adoptant les principes de l'économie de marché, avec des méthodes de persuasion dignes des multinationales, ces O.N.G. ont trouvé le moyen de décupler les effets de leur outil de prédilection : la peur. Depuis quand la peur est-elle un support de la raison ? Comment pourrait-elle servir l'objectif de la gestion durable ? D'où vient que personne n'ose poser la question ?

Chapitre 5

Le décalage entre les acteurs

Les déclarations internationales sur la gestion durable des forêts revendiquent avec insistance une approche globale des questions forestières, susceptible d'assurer que ne seront pas oubliés les hommes, leurs besoins variés, leurs relations multiples avec les forêts. Dans les faits cependant, les deux approches actuellement dominantes engagées au nom de la gestion durable, à savoir la définition de critères et indicateurs et la certification forestière, départagent deux ensembles d'acteurs.

1. DEUX ENSEMBLES D'ACTEURS COEXISTENT SANS VERITABLE COMMUNAUTE DE DESSEIN ET D'ACTION

Le premier ensemble d'acteurs intervient directement sur l'évolution des initiatives et processus relatifs à la gestion durable et à la certification forestière. Ces dossiers étant débattus essentiellement à des échelles internationales et nationales, les acteurs correspondants ont des responsabilités

d'envergure nationale ou internationale. Pour cette raison, il est justifié de les regrouper sous la dénomination d'acteurs "globaux". Les processus internationaux dédiés à la gestion durable sont l'œuvre des Etats et des administrations forestières, qui s'associent quelques scientifiques de renom, des O.N.G. et des experts. En revanche les discussions sur la certification forestière sont plutôt du ressort des O.N.G. internationales et des représentants des familles professionnelles liées à la forêt et au bois.
Lorsque les réflexions prennent une dimension internationale, la tâche délicate de ces acteurs consiste à dépasser les différences linguistiques, culturelles, philosophiques mais aussi socio-économiques et physiques des territoires concernés, afin d'établir des fondements communs aux initiatives engagées. Ces responsables ont donc à penser l'unité et la cohérence, à définir et construire le cadre global dans lequel vont s'inscrire l'ensemble des stratégies, des logiques et des actions de la multiplicité d'opérateurs concernés par les forêts.

Le second ensemble est composé d'individus directement concernés par les espaces forestiers, confrontés à des défis et des problèmes spécifiques, mais très réels et importants de leur point de vue. Bien qu'ils soient en contact étroit avec les réalités de terrain, ces acteurs ont actuellement une très faible influence sur les débats et initiatives relatives à la gestion durable et la certification forestière : ils *subissent* beaucoup plus qu'ils ne contribuent à l'édification de ces processus. Ces acteurs sont assimilables à des acteurs "locaux". Il s'agit de propriétaires privés dominés par un sentiment d'agression tous azimuts, lassés du pillage de champignons dans leur domaine, vivant sous la menace de réglementations nouvelles et craignant par dessus tout de perdre leur liberté d'agir ; de responsables de centres de développement en quête de solutions pour éviter le morcellement des forêts, inquiets devant l'absentéisme croissant de certains propriétaires forestiers ; de gestionnaires et exploitants forestiers dont il est attendu toujours plus sans pour autant que les moyens suivent ou que le contexte économique le permette ; d'administrations soumises à des demandes disparates, difficiles à concilier ; d'utilisateurs et transformateurs de bois en difficulté, dans l'obligation de réaliser continuellement des gains de compétitivité et de qualité afin de rester dans la course imposée par le marché ; de promeneurs, d'associations locales, de naturalistes, de riverains ayant développé une forte intimité avec les dimensions forestières qu'ils affectionnent particulièrement, soucieux de leur maintien et prêts à se faire entendre en cas d'insatisfaction. En somme, une grande variété d'acteurs confrontés à des contraintes singulières et porteurs de projets spécifiques.

A quelques exceptions de personnes près, ces deux univers sont coupés l'un de l'autre pour tout ce qui a trait à la gestion durable et à la certification forestière. Les acteurs qui les composent se rencontrent rarement et communiquent peu ; leurs réseaux de correspondants leur sont propres et sont clairement dissociés ; les informations entre eux circulent mal.

Aussi, la très grande majorité des travaux actuels sur les critères et indicateurs de gestion durable, de même que les schémas de certification conçus à ce jour sont-ils sans grande efficacité pour résoudre la majorité des problèmes bien réels auxquels sont confrontés les acteurs de terrain ; à tel point d'ailleurs que ces derniers les appréhendent souvent sans la moindre illusion, comme un mal nécessaire, dont aucune retombée valable n'est attendue.

2. COMMENT EXPLIQUER UN TEL DECALAGE ?

Deux raisons majeures, complémentaires, peuvent être invoquées pour rendre compte du décalage entre les démarches lancées par les acteurs globaux au nom de la gestion durable et les préoccupations des acteurs "locaux".
Rio faisait du développement durable un questionnement de société sur la manière de gérer au mieux les relations entre les hommes et leur planète nourricière, la Terre ; l'enjeu consistant alors à satisfaire les besoins nombreux et variés des premiers sans pour autant nuire à l'intégrité de la Terre.
Devant la difficulté conceptuelle et pratique d'appréhender cette problématique globale, un premier découpage par domaine d'activité étroit et par milieu naturel donné a été opéré. Sont alors apparus autant de gestions et de développements durables qu'il y avait de milieux naturels et de types d'activités humaines (cf. p. VIII du cahier couleur). Cependant, le champ couvert par chaque problématique demeurait immense : qu'est-ce donc que réussir à satisfaire les besoins actuels et futurs des hommes vis-à-vis des forêts du monde, sans compromettre l'intégrité et la capacité de reproduction des écosystèmes forestiers ? De nouveau, la nécessité s'est imposée de trancher dans la complexité de cette question d'envergure planétaire : de là, une régionalisation des processus internationaux relatifs aux forêts : Helsinki, Montréal, Tarapoto... Cependant, la question était encore trop compliquée pour des assemblées où plus de dix nationalités différentes se trouvaient réunies, chacune empreinte d'une culture forestière propre, et défendant des objectifs, des manières de penser et d'agir singulières. Le souci de "purger" les débats de leur "dimension subjective" s'imposa. Du coup, "l'objet gestion durable" allait se rétrécir, perdre dans une large mesure ses composantes humaines et relationnelles pour se limiter à une interrogation assez technique, principalement axée sur les *conditions intrinsèques* de "reproduction des écosystèmes forestiers" - indépendamment

du contexte socio-économique général - afin que ces derniers puissent continuer d'assurer leurs différentes "fonctions".
Pour s'en convaincre, il suffit de comparer la définition d'Helsinki à celle de Rio, le remplacement du terme "besoins" par celui de "fonctions" ; de considérer les recommandations paneuropéennes "au niveau opérationnel" ou encore les critères retenus par la majorité des schémas de certification actuels, essentiellement constitués de procédures de gestion forestière associées à des performances environnementales à respecter.
Au surplus, la composition sociologique des processus n'est probablement pas étrangère aux orientations prises. Si Rio convoquait des intérêts très divers (responsables politiques, représentants des divers groupes d'acteurs, professionnels et industriels, juristes...), les processus internationaux relatifs à la gestion durable des forêts donnent la préséance à des experts. Souvent issus de formation technique, forestière notamment, ces experts sont généralement rattachés aux administrations en charge des forêts. En dehors de ces personnes, quelques scientifiques, relevant souvent de centres de recherche forestière apportent les éléments de base aux travaux et une caution scientifique. Enfin, les représentants de certaines grandes O.N.G. internationales de conservation de la nature sont également conviés.
L'association Etat-approche technico-scientifique dominante sur fond de pression des O.N.G. a logiquement abouti à une norme écologique, prétendue scientifique. Ainsi s'explique l'absence quasi-intégrale d'attention pour la propriété et tout ce qui peut y être rattaché. Ainsi s'éclaire également la disparition progressive des réalités fines des acteurs de terrain, de leurs contraintes spécifiques et de leurs projets singuliers. La norme, universelle et impersonnelle, s'applique à tous et à toutes les situations : les acteurs "globaux" pensent globalement et les acteurs "locaux" sont censés appliquer localement, sans avoir à se poser de questions. Le lien entre acteurs "globaux" et "locaux" se réduit à une flèche à sens unique, du haut vers le bas.

Ainsi, l'un des grands écueils des processus actuels relatifs à la gestion durable, de même que la majorité des schémas de certification forestière, est d'avoir considéré qu'il pouvait y avoir gestion durable sans considération spécifique pour les hommes eux-mêmes, leurs rapports aux forêts et leurs relations entre eux.

Une seconde explication de ce décalage tient à la manière dont les questions "complexes", qui impliquent un grand nombre d'acteurs, sont traitées de façon courante. Faute de reconnaître explicitement que la nature de certains problèmes diffère de ceux que la loi ou la réglementation permet de traiter, un même mode de résolution est mobilisé. Il s'agit souvent de définir *a priori*, de délimiter soigneusement ce qui est bien de ce qui ne l'est pas et d'imposer ce cadre plutôt que de miser sur la construction progressive d'une réponse par mobilisation progressive des différentes strates d'acteurs. Est donc en cause cette fois l'esprit général dans lequel sont abordés les problèmes complexes qui impliquent l'ensemble de la société.
Tant que cette approche s'effectue à des échelles nationales, les conséquences ne sont pas trop fâcheuses. Les grands principes, critères et indicateurs des processus internationaux sont assez généraux. Ils ont cependant le potentiel de déboucher sur une comparaison entre politiques forestières, de tendre vers un premier instrument de pilotage des situations forestières au plan national et régional. A ce titre, malgré leurs limites et leurs omissions, ils peuvent être utiles.
Mais survenant dans cette manière d'appréhender les problèmes, la pression exercée par certaines O.N.G. avec la certification a tout précipité. Les Etats ont eux-mêmes succombé à la menace de la certification. Les recommandations de Lisbonne pour le niveau opérationnel ont ainsi été conçues pour le cas où la certification deviendrait nécessaire. Le malheur vient de ce que le même esprit de recherche de définition et de prescription *a priori* opère... cette fois-ci "au niveau opérationnel", euphémisme introduit à la dernière minute en remplacement de l'"unité de gestion forestière".

Cette fois, cela change tout. Ce qui devenait acceptable à l'échelle d'un pays est alors purement et simplement transposé à de fines échelles de territoire. Certaines O.N.G. internationales et le Forest Stewardship Council en particulier abordent d'ailleurs les problèmes complexes avec le même esprit légiste et normatif. Les schémas de certification conçus par des professionnels de la filière forêt-bois-papier de plusieurs pays forestiers sont également empreints de cette démarche. De nouveau donc, la relation entre acteurs "globaux" et acteurs "locaux" se restreint à une relation d'application, à sens unique : les premiers définissent pour la collectivité le champ de l'acceptable ; les seconds sont priés de se conformer aux seuils fixés.
La problématique du développement ou de la gestion durable des forêts est censée appréhender globalement l'ensemble des questions et problèmes relatifs aux forêts. Pourtant, les approches dominantes actuellement engagées au nom de cette problématique semblent plutôt renforcer le décalage entre les deux univers d'acteurs identifiés.

La question est de savoir s'il est au contraire possible de trouver des démarches qui auraient pour effet de *conjoindre* ces deux mondes et leurs préoccupations respectives.

Chapitre 6

Des approches internationales lourdes de menaces

L'approche normative dominante de la gestion durable, cristallisée par le courant de la certification forestière, fait courir de sérieuses menaces aux forêts et aux hommes qu'elles concernent. Ces menaces sont abordées sous quatre angles différents : les professionnels de la forêt et du bois ; l'économie et l'écologie des forêts ; la vitalité des territoires ; les problèmes forestiers de fond.

1. UNE CONFIGURATION STRATEGIQUE DES PLUS INSTABLES POUR LES PROFESSIONNELS DE LA FORET ET DU BOIS

Pour de nombreux schémas de certification forestière et notamment dans le cas de la certification F.S.C., les propriétaires et les gestionnaires forestiers ne font pas l'objet d'une considération particulière par rapport aux autres acteurs intéressés par la forêt. Lors de la définition du cahier des charges pour une certification, chacun est logé à la même enseigne, le *consensus* entre les différentes parties intéressées étant une *condition sine qua non* de la certification. Propriétaires et gestionnaires forestiers se retrouvent alors à la merci des associations de protection de la nature. Les différentes parties prenantes n'ont en effet pas les mêmes marges de négociation. A la limite, les O.N.G. ne perdent rien à se retirer de la table des négociations, quand bon leur semble, alors qu'il en va tout autrement pour les forestiers. Au surplus, quand bien même un consensus serait trouvé à un instant donné, l'idée de renégociation périodique du cahier des charges rend la position des acteurs forestiers très vulnérable : rien ne les protège d'un accroissement perpétuel des exigences environnementales.

Ce problème renvoie à un risque plus général, valable pour l'ensemble des approches de la gestion durable et de la certification forestière qui reposent sur une norme. Une telle approche enracine un peu plus dans les esprits l'idée selon laquelle les forêts constituent un "*bien commun*". Sur de telles bases, propriétaires et gestionnaires forestiers, organismes forestiers et acteurs de la filière en général, se voient plus ou moins contraints de modifier leur gestion, leurs outils de gestion, leurs objectifs, sans aucune contrepartie - il est fallacieux de dire que la certification est volontaire quand la menace de ne plus vendre ses bois est réelle. Ils deviennent alors des *exécutants* du reste de la société, ou des conceptions de certains groupes d'acteurs. Cette *absence de contrepartie* ne porte pas seulement sur les efforts et les dépenses éventuellement supérieurs qu'ils sont obligés de consacrer aux forêts et à leur gestion. Elle s'applique également à la "*prime qualité*" inhérente à l'éventuelle appellation "gestion durable" portée sur les produits à base de bois ainsi qu'à sa répartition. Dans les circonstances actuelles, rien n'assure en effet que le propriétaire forestier retirera une quelconque rémunération, aujourd'hui ou dans cinquante ans, pour les efforts continus apportés dans sa gestion. Les distributeurs et les grossistes peuvent au contraire retirer rapidement des gains d'un produit présenté comme écologiquement plus "vert", sans pour autant reverser la moindre prime au propriétaire, sans non plus contribuer en quoi que ce soit à la conservation de l'intégrité du patrimoine forestier. A tout le moins, la négociation sur ce sujet n'est pas engagée publiquement.

En somme, les formes actuelles, très prescriptives, font courir le risque de réduire considérablement les marges de manœuvre des propriétaires et gestionnaires forestiers, sans qu'aucune contrepartie valable ne soit envisagée : *l'effort est unilatéral.* Ce risque stratégique va bien au-delà du risque de monopole de tel ou tel système de certification ou d'accréditation : les droits du propriétaire, sa liberté d'action et de choix d'objectifs sont directement menacés. Au-delà, c'est l'ensemble des acteurs de la filière qui, en optant pour de telles approches, se résignent à s'imposer toujours plus de contraintes, sans même savoir jusqu'où cela peut conduire, sans la moindre garantie de lendemain plus favorable.
Le risque inhérent de démotivation des petits propriétaires forestiers et de certains professionnels est grand. Le cas échéant, c'est l'ensemble des personnes intéressées à un titre ou à un autre par les forêts qui pourraient pâtir des conséquences du désintéressement et du désinvestissement des professionnels de la forêt.

Certification de la gestion durable sur la base d'un consensus forcé : une aberration sociopolitique ou la confusion des genres

La doctrine du F.S.C. veut que le cahier des charges pour la certification soit élaboré par consensus au plan national, entre l'ensemble des parties intéressées par les forêts. Certaines O.N.G. internationales justifient ce principe par référence aux règles qui prévalent pour la certification des biens de consommation. Pourtant, une différence considérable existe. Un poulet, du bois ou des produits à base de bois, un procédé ou un site industriel sont entièrement dévolus à une fin de production marchande. Ils n'ont de raison d'être que parce qu'ils ont un marché et des consommateurs. Aussi est-il compréhensible que tout cahier des charges en vue d'une certification de ce type fasse appel à la concertation entre les différentes parties intéressées par ce poulet, ce procédé ou ce site industriel. Mais la forêt obéit-elle à cette logique ? Assurément non, car c'est bien plus qu'un espace de production. La forêt est appropriée, son propriétaire entretenant avec elle des rapports qui vont bien au-delà des seuls rapports marchands. *La raison d'être de la forêt n'est pas le marché !* Obliger les propriétaires forestiers à trouver un consensus avec l'ensemble des acteurs concernés par la forêt, chacun étant logé à la même enseigne, avec le même pouvoir de décision et de veto, n'est imaginable qu'à deux conditions : faire comme si la forêt n'était qu'un produit marchand ou un espace de production ; ou alors, considérer, aux risques et périls d'une remise en cause d'un des fondements majeurs de l'état de droit, que les forêts appartiennent à tous.

2. L'ECONOMIE ET L'ECOLOGIE DE LA FORET MENACEES PAR LA SYSTEMATISATION D'UNE NORME FORESTIERE

En cherchant à définir *a priori* ce qu'est une forêt acceptable ou écologiquement correcte, en considérant la gestion durable sous l'angle restrictif des aspects "écologiques", la majorité des approches actuelles tendent à bannir des modèles sylvicoles et de gestion forestière avant même d'avoir pris le temps de considérer leur incidence sur l'économie générale de la forêt et la compétitivité des entreprises transformatrices de bois. Qui peut bien assurer aujourd'hui que des plantations d'essences qualifiées d'exotiques ou à dominante monospécifique ne sont pas utiles voire souhaitables pour assurer la compétitivité de certaines entreprises, soulager la pression sur d'autres forêts en permettant qu'elles soient conduites de manière moins intensive ou encore favoriser la préservation de certains espaces forestiers d'intérêts écologique et esthétique majeurs ? Pourquoi certains modèles forestiers, certaines pratiques sylvicoles devraient-elles être supprimées *a priori*, au simple motif qu'elles ne correspondent pas au *canon* du moment de la "forêt écologiquement correcte" ? Quel est vraiment le but recherché : s'agit-il d'assurer à la fois la gestion des "grands équilibres biologiques", la conservation de la biodiversité, la satisfaction des besoins humains en bois, l'emploi ou alors de conformer les situations forestières à des conceptions singulières de ce qu'est une belle forêt, n'ayant nullement fait les preuves du réalisme de leur systématisation et de leur valeur à long terme ?

En Europe, la diversité et le nombre des propriétaires forestiers, de leurs projets, de leurs intérêts constituent une garantie de diversité des situations forestières, dont nul n'a vraiment pris le temps d'apprécier la contribution au maintien de la biodiversité par exemple, à des échelles autres que strictement locales. A cet égard, la comparaison avec la gestion pratiquée sur de grandes concessions forestières est édifiante…

Toutes les fois où la gestion durable se mesurera et se vérifiera à l'échelle de l'unité de gestion forestière, c'est au contraire à une banalisation des situations forestières qu'il faudra s'attendre. Pour recevoir la certification, chaque unité de gestion forestière devra en effet se conformer au modèle forestier imposé par le standard de la certification. Or, par le truchement de ce standard, s'exprime une *conception singulière de la "forêt bien gérée"*. La reproduction de ce standard sur de larges espaces forestiers risque de conduite à une réduction de la diversité des situations forestières, à les *standardiser*. Vouloir appréhender la "multifonctionnalité" à des échelles trop fines alors que cette notion devrait recouvrir des significations changeantes en fonction des échelles d'appréciation et des attentes et besoins des acteurs constitue un risque majeur d'homogénéisation des situations forestières, dont les incidences sur l'économie et l'écologie de la forêt risquent d'être très préjudiciables.

3. VERS UNE DEVITALISATION DE CERTAINS TERRITOIRES

Si les approches actuelles dérivent, se montrent toujours plus exigeantes, en formalités comme en obligations de performances pour le propriétaire lui-même, sans que celui-ci en retire un quelconque avantage, des réactions de rejet sont à prévoir.
Certains accepteront des contraintes supplémentaires, mais d'autres seront conduits, soit à manifester leur mécontentement d'une manière éventuellement défavorable pour les forêts elles-mêmes, soit à réduire leur implication en forêt, soit à changer la vocation de leurs forêts, en délaissant par exemple l'objectif de production de bois de qualité. Le phénomène risque d'être particulièrement prononcé si les dispositifs de certification en arrivent, comme l'exigent plusieurs dispositifs de certification,[55]

[55] C'est en particulier le cas du Forest Stewardship Council et de ses partisans. A l'inverse, le schéma de certification envisagé par les propriétaires forestiers

à l'échelle de l'unité de gestion forestière. Si certains propriétaires en sortiront gagnants, d'autres, nombreux dans les pays à petite structure forestière majoritaire, risquent tout simplement d'être écartés des processus de production. A cet égard, il est irréaliste de croire à un regroupement spontané des propriétaires forestiers dans nombre de pays européens. Des différences considérables séparent les propriétaires selon les pays : ce qui est valable dans les pays nordiques n'est pas nécessairement transposable en France ou en Espagne.
Dès lors le danger est grand d'assister à une *différenciation accrue des espaces forestiers*, dont les territoires, leur vitalité et leur cohérence ont beaucoup à redouter. A l'exception de certains acteurs qui sauront tirer parti de la mise en concurrence entre espaces forestiers, la qualité globale du territoire, sa compétitivité notamment, risquent d'être affectés, par disqualification de certaines composantes et de certains acteurs. Au-delà des petits propriétaires, des institutionnels, des collectivités, des industriels pourraient être conduits à reconsidérer assez largement leurs placements forestiers et l'installation de leurs sites de production, si la forêt fait figure d'investissement écologiquement risqué, dans un climat relationnel non stabilisé. Si certaines forêts se voient soudainement privées d'un accès au marché pour cause de non satisfaction des normes en vigueur, une dévaluation des actifs et du foncier forestiers pourrait survenir, dont les effets perturberaient le fonctionnement de l'ensemble de la société. En conséquence aussi, l'efficacité des mesures en faveur de la conservation des milieux forestiers serait très probablement affectée.

---

d'Europe permet une certification à l'échelle de la région forestière, ce qui est de nature à éviter ce risque de dévitalisation des territoires, sous réserve toutefois que le schéma de certification soit crédible et repose sur des principes d'avenir.

4. DES APPROCHES IMPUISSANTES POUR TRAITER LES PROBLEMES DE FOND ALORS QUE LE TEMPS PRESSE

Une approche normative de la gestion durable est inadaptée pour corriger l'ignorance ou les idées fausses des populations en matière forestière, dont les risques et les coûts d'opportunité ont été évoqués précédemment.

Elle passe en outre à côté des défis de l'époque contemporaine où tant d'acteurs influencent l'état et le devenir des forêts, sans pour autant que leurs actions soient coordonnées. Qu'ils se présentent sous la forme d'un catalogue plus ou moins long ou d'un ensemble prétendu cohérent, les critères de certification conçus à ce jour obéissent à une *logique de l'effort unilatéral* : centrés sur l'objet forestier, de nature essentiellement technique, ils sont incapables d'entraîner un changement de comportement chez la multitude d'acteurs qui influe d'une manière ou d'une autre sur les forêts.

Tout au plus cette approche déplace-t-elle les problèmes de fond, en les faisant glisser sur un terrain plus "écologique", sans qu'il soit certain, de ce seul fait, qu'elle ne créera pas plus de problèmes qu'elle n'apportera d'améliorations. Surtout, elle renforce le sentiment d'agressions tous azimuts qui habite aujourd'hui de nombreux gestionnaires de la nature, et rend toujours plus difficile l'instauration d'un climat de confiance entre les acteurs.

Des dangers d'une utilisation abusive du principe de précaution

"D'ici que nous ayons accumulé les connaissances nécessaires, il sera peut-être trop tard. Il n'y a qu'une planète et qu'une expérience à observer."

Edward O. WILSON, La diversité de la vie, 1993.

Ces propos de WILSON rappellent qu'il est toujours impossible de prévoir avec certitude les conséquences des modifications qu'imposent les hommes à leur environnement. Quand une nouvelle activité se développe, la prudence commande de réfléchir *a priori* à ses dangers potentiels, et d'observer attentivement ses effets, afin de prendre aussi vite que possible le recul nécessaire pour circonscrire les risques qu'elle présente. Depuis la conférence de Rio, cette idée est reprise par le principe de précaution, souvent invoqué lors de débats très différents, de la protection de la forêt à la réglementation sur les Organismes Génétiquement Modifiés.

En France, la loi du 2 février 1995* en fournit une définition précisant que *"l'absence de certitudes, compte-tenu des connaissances scientifiques er techniques du moment, ne doit pas retarder l'adoption de mesures effectives et proportionnées visant à prévenir un risque de dommages graves et irréversibles à l'environnement à un coût économiquement acceptable."*

Cependant une utilisation déviante et plus radicale du principe de précaution est assez fréquemment à l'œuvre, qui pourrait s'énoncer ainsi : *"s'il n'est pas certain qu'une démarche soit sans danger, le maintien de l'intégrité du patrimoine de l'humanité pour les générations futures interdit de prendre le risque de la mettre en œuvre. L'enjeu est trop important pour qu'un risque, même mineur, soit tolérable"*.

Le recours systématique à une telle version du principe de précaution est à la fois très facile et fort dangereux. Un tel usage va d'ailleurs à l'encontre du principe de précaution tel qu'il a été initialement formulé. A cette acception dérivée -mais courante- du principe de précaution mériterait d'être opposée la définition d'une sorte de principe symétrique ou compensatoire, du " risque nécessaire " : *"s'il n'est pas certain qu'une démarche présente un danger - même s'il est potentiellement grave -, les générations futures ne doivent pas être privées de ses apports bénéfiques potentiels et sa mise en œuvre ne doit pas être interdite a priori, mais contrôlée. Cette prise de risque est considérée comme nécessaire au développement ; elle est tolérable dans la mesure où les risques sont évalués, et où la démarche peut être réellement interrompue lorsque le danger est démontré ou semble très probable".*

Le contrôle de l'innovation est nécessaire : il a pour fonction de la défendre et non de la bloquer. Là réside toute la difficulté, qu'une application insuffisamment éclairée d'un principe de précaution excessif ne permettrait pas de surmonter.

* *Article L.200-1 du code rural, Loi " Barnier ".*
Pour une analyse approfondie de ces aspects, se reporter au document " *Le principe de précaution* ", rapport au premier Ministre, présenté par Philippe KOURILSKY et Geneviève VINEY, octobre 1999.

L'écocertification du F.S.C. vérifie-t-elle le principe de précaution ?

En général, le schéma d'écocertification du Forest Stewardship Council (Conseil de Bonne Gestion Forestière) est critiqué pour des motifs de coût de la procédure, de non opérationnalité, de mauvaise représentativité des intérêts économiques dans son directoire... La légitimité de la procédure de certification n'est pas véritablement remise en cause, et ses effets délétères pour les forêts ne sont guère approfondis. Par certains aspects cependant, l'écocertification du F.S.C., dans sa forme actuelle, est porteuse de lourdes menaces, en contradiction flagrante avec les objectifs affichés.
Les décisions dans l'incertain sont en effet toujours délicates. En matière d'environnement, le principe de précaution est souvent invoqué, en particulier par les O.N.G., pour bloquer des expérimentations, des essais grandeur nature avec des organismes génétiquement modifiés, des projets divers. Or donc, l'écocertification elle-même sacrifie-t-elle au principe de précaution ? Cette procédure de certification ne contient-elle pas plutôt en germe des menaces pour un développement harmonieux et global, une pomme de discorde entre les hommes et une atteinte à l'intégrité des territoires, lorsqu'elle

repose sur une logique de la différenciation, entre pays, régions, massifs, propriétés et parcelles forestiers ?

Alors même que les connaissances sur les écosystèmes forestiers, leur fonctionnement et les effets d'échelle sont encore très lacunaires ; que les interactions entre les hommes et les forêts, les rapports entre les dimensions économiques, écologiques et sociales sont si mal appréhendés ; qu'en somme l'idée même de gestion durable demeure un concept qui dépasse de beaucoup nos sciences et la maturité de nos sociétés, qui ne voit le danger d'imposer, via l'écocertification, sur de grandes échelles et à la hâte, des conceptions de la gestion durable n'ayant aucunement fait les preuves de leur validité dans la durée ?

Il y a plus grave encore. La tactique qui consiste à recourir au marché et à ses modes d'actions pour faire pression sur les acteurs forestiers a incontestablement des effets. Mais conduit-elle effectivement à améliorer la gestion durable comme certaines O.N.G. internationales le prétendent ? Une telle tactique ne pourrait avoir ce résultat que dans la mesure où les acteurs forestiers seraient très sensibles au marché. Or, chacun sait qu'une majorité des propriétaires forestiers européens ne peut d'aucune manière être assimilée à des agents économiques rationnels ; leur rapport à la forêt est d'abord un rapport patrimonial, qui englobe en le dépassant très largement le rapport économique ; la fibre économique des propriétaires n'est qu'un des nombreux liens qui les relient à leur forêt. Il est donc parfaitement faux de croire qu'en jouant sur un seul de ces liens, alors que tous les autres sont négligés, voire menacés, la certification sera de nature à mobiliser de manière constructive les propriétaires forestiers.

Certaines O.N.G. internationales de conservation de la nature ont cru pouvoir instrumenter à dessein le marché, sans s'apercevoir qu'elles jouaient aux apprentis sorciers. La logique du marché n'est pas une logique écologique globale : comment les tactiques à plus ou moins court terme des opérateurs économiques, la volatilité des préférences des consommateurs, le caractère erratique des marchés pourraient-ils constituer en soi un support valable de la continuité de l'action, du long terme, de l'implication patiente et souvent désintéressée, valeurs cardinales pour une gestion des forêts ? Si l'économie est la poursuite de la guerre par d'autres moyens, comment ne serait-il pas chimérique d'espérer conserver durablement les espaces naturels par le seul jeu du marché ?

Aussi, la question doit-elle être posée au plus haut niveau car chacun perçoit le danger : *des dispositifs de certification hâtivement conçus et sélectionnés par le seul marché* ne vont-ils pas conduire à l'opposé d'un développement durable, favorisant comme toujours les plus forts, les mieux informés, les plus intégrés et les plus habiles ? En fait, l'écocertification a toutes les chances de sélectionner préférentiellement les propriétaires forestiers les plus rationnels au plan économique, tandis que les autres, tous les autres, lassés de contrôles et de formalités, se tourneront vers d'autres usages de leurs forêts, d'autres modes de gestion..., pour un bilan global bien difficile à prévoir. Les schémas de certification forestière qui misent sur une logique de la différenciation des espaces et des propriétaires forestiers courent le risque de ne conduire qu'à d'apparentes améliorations locales ne constituant nullement une amélioration globale de la gestion des forêts du monde.

L'approche actuelle de certains schémas de certification forestière comme le F.S.C. mésestime la complexité des situations forestières réduites à un jeu de critères, indicateurs et niveaux de performance. Elle ignore des données humaines et sociologiques de première importance. De surcroît, elle force des acteurs au statut fondamentalement différent au consensus, les uns étant propriétaires et les autres simples usagers. Dès lors, non seulement la certification ne conduira pas à une amélioration de la gestion durable des forêts, mais elle risque même, toutes les fois où elle reposera sur un principe de différenciation et de mise en concurrence des espaces forestiers, d'éloigner de toute perspective de gestion durable.

L'écocertification : l'écologie par l'économie ou l'exacerbation des tendances économiques actuelles ?

Chapitre 7

Propositions

Depuis quelques décennies, des évolutions significatives et des crises retentissantes invitent l'humanité à s'interroger sur la nature et la pérennité de son rapport au vivant et à sa planète nourricière, la Terre. Sur ce plan, les forêts occupent une place privilégiée. La primauté[56] des forêts dans les débats relatifs à la durabilité et à la certification par rapport aux autres grands types de milieux naturels témoigne en effet de l'intérêt particulier accordé aux forêts par le plus grand nombre.

Les lignes qui précèdent ont montré que les approches internationales actuelles de la gestion durable ne permettaient pas d'appréhender correctement ces évolutions et les défis

---

[56] Comparativement aux océans, aux milieux montagnards, aux déserts ou encore aux rivières, les forêts sont l'objet d'un débat mondial sur la durabilité incomparablement plus nourri. De même, la certification de la durabilité d'un milieu naturel est apparue sur les forêts; un Marine Stewardship Council (Conseil de Bonne Gestion de la Mer ou des Ressources maritimes), calqué sur le principe du F.S.C. vient bien d'être créé, mais il suscite nettement moins d'intérêt à ce jour que son homologue forestier.

considérables auxquels sont confrontés les forêts et les acteurs qu'elles concernent.
Que faire alors ? S'en remettre à la providence ou au contraire agir ? Agir assurément puisque chacun, de toute manière, développe peu ou prou des stratégies afin d'influencer le devenir du monde. Mais comment procéder pour concevoir des approches vraiment satisfaisantes, qui tout en préservant l'intégrité des forêts, assurent le respect des acteurs et tentent de répondre à leurs aspirations profondes ?

Ce chapitre n'apporte pas des solutions toutes faites et ne prétend pas régler tous les problèmes. Il préconise plutôt un ensemble de grandes orientations stratégiques susceptibles d'aider à une meilleure gestion de la complexité des questions forestières. Chacune des rubriques qui le compose a sa logique interne et peut être lue séparément. Cependant, *c'est par la mise en relation des grandes orientations préconisées que peut résulter progressivement un mode rénové pour appréhender les questions forestières.*

Au préalable, il est important :
- de reconnaître que les changements en cours sont réels, profonds, aux incidences potentielles très sérieuses.
- de considérer qu'ils concernent la société dans son ensemble, de ce fait ne peuvent pas être imputés aux seules actions lobbyistes de certains groupes.
- de convenir que la nature des problèmes n'étant pas seulement technique, il est illusoire et même dangereux de chercher à les circonscrire par de seules réponses techniques.
- de réaliser que la nouveauté et la complexité des problèmes suggèrent de rechercher des réponses spécifiques et adaptées plutôt que de se précipiter sur des schémas préconçus ; de prendre le temps de la réflexion après avoir cherché à peser l'ensemble des paramètres. A la limite, mieux vaut accepter de perdre à court terme pour gagner à moyen-long terme plutôt que le contraire ; car les réponses dictées par l'urgence

reviennent souvent à faire des concessions ; car tout ce qui sera concédé aujourd'hui sera difficile à renégocier demain.
- de se convaincre que tout n'est pas joué d'avance, qu'il est encore temps d'agir, que les évolutions en cours n'ont rien d'une fatalité, ne sont pas seulement porteuses de menaces mais également d'opportunités.

1. CHOISIR UN CONCEPT STRATEGIQUE DE GESTION DURABLE

La gestion durable n'est et ne sera jamais que ce que les acteurs en font et en feront : ce n'est qu'un concept.
Ce concept étant régulièrement invoqué pour légitimer des actions, les questions que doivent se poser les acteurs concernés par la forêt sont : l'état actuel de ce concept est-il vraiment satisfaisant ? Toutes les fois où il est utilisé, quelle signification recouvre-t-il, quelles problématiques inhérentes sont envisagées ? Certaines acceptions de ce concept sont-elles, au regard de certains objectifs, préférables à d'autres, plus risquées que d'autres ? En somme, *coïncide*-t-il avec les problèmes et enjeux forestiers que nous percevons et souhaitons appréhender avec efficacité ?
Cet exercice de retour et de confrontation à la réalité, nécessaire à l'appréciation de la validité du concept, n'est malheureusement guère réalisé dans le cas de la gestion durable. Les acteurs se contentent bien souvent d'une signification ou d'une définition, qui, soit leur est propre, soit est reprise d'un processus international, sans vraiment se demander quelle est sa valeur stratégique. *Une sorte de fatalisme domine les débats, comme si les acteurs étaient dans l'incapacité de faire évoluer cette notion de gestion durable dans un sens vraiment favorable ; comme si sa signification était imposée de l'extérieur.*

Toute conception de la gestion durable a sa valeur et sa légitimité propres. Cependant, dès lors qu'il est question d'action, il devient nécessaire de s'interroger sur la portée de ces différentes conceptions. Chaque conception a ses implications, ouvre des champs de possibles bien distincts, dispense ou impose d'envisager certains problèmes plutôt que d'autres, sous un angle donné plutôt que sous un autre[57].La plupart des approches actuelles de la gestion durable sont donc partielles, n'abordent que certains problèmes et ne renvoient qu'à certains enjeux forestiers.

L'absence de véritable questionnement sur la portée de ces différentes conceptions tient au fait que pour la majorité des acteurs, *la gestion durable est considérée comme une contrainte à minimiser, non comme une opportunité à saisir.* Au surplus, les différentes conceptions sont souvent évaluées dans leur acceptabilité technique immédiate, dans ce qu'elles disent et non dans ce qu'elles omettent, plutôt que dans leurs incidences potentielles. Leurs risques lointains ou leurs coûts d'opportunité indirects ne sont généralement pas explorés. A la limite, qu'importent les principes, critères et indicateurs proposés dans la mesure où ils ne paraissent pas trop gênants pour le forestier, s'inscrivent dans la lignée de ce qui se fait déjà. Il en résulte une *approche au rabais* de la gestion durable, manifeste dans le cas de la certification.
Pourtant, chaque approche privilégiant certains aspects au détriment d'autres, elle débouche sur des actions qui peuvent se contrarier ou déstabiliser le système dans son ensemble. En outre, faute d'appréhender l'ensemble des facteurs qui influent sur l'état et le devenir des forêts, ces approches ne garantissent aucunement que les forêts prendront effectivement une voie choisie et désirée, que le résultat obtenu ne sera pas pour une large part accidentel et imprévu.

Veut-on que les forêts "durent" et satisfassent aux besoins variés des hommes d'aujourd'hui et de demain, sans pour autant perdre leur intégrité, ni leur diversité biologique ? Alors il est essentiel :

---

[57] Les cinq conceptions présentées dans le premier chapitre en sont une illustration.

- d'accorder la même importance aux trois grands domaines problématiques que sont : les forêts elles-mêmes ; les rapports des hommes aux forêts ; les relations entre les hommes concernés par les forêts. Car chacune de ces "dimensions" a un impact sur le résultat observé et l'évolution en cours.
- de poser globalement la question du devenir souhaité de ces forêts, de s'interroger sur les finalités poursuivies ainsi que les conditions et les moyens de les atteindre. Que voulons-nous faire des forêts, à quoi voulons-nous qu'elles ressemblent et servent ? A quelles conditions et selon quels moyens augmentons-nous les chances de parvenir effectivement aux résultats souhaités ? C'est en posant de telles questions et en cherchant à y répondre, que les acteurs se sentiront motivés et prêts à s'impliquer pour que les forêts prennent l'orientation recherchée. En l'absence de tels questionnements, l'évolution des forêts sera la résultante des intérêts désordonnés et contradictoires des différentes stratégies d'acteurs.

Ainsi se retrouve l'esprit général du Sommet de la Terre. Rio exhortait en effet à appréhender le problème du développement durable, *a fortiori* de la gestion durable, sous l'angle problématique global des relations entre les hommes et leur environnement.

Le premier enjeu majeur est donc de faire coïncider l'expression "gestion durable" avec une interrogation globale sur les finalités en matière forestière et sur les modalités pour les atteindre effectivement. Cette interrogation doit être conduite aux différentes échelles d'espace et de temps, du niveau local au niveau planétaire, de l'actuel au futur plus ou moins lointain.

Tout le monde gagne à un tel questionnement. Non seulement il a l'avantage de *recueillir* l'ensemble des problèmes, enjeux, tensions et opportunités que vivent en permanence les acteurs concernés par les forêts, mais en outre il *contient* l'ensemble des problématiques inhérentes aux différentes acceptions de la gestion durable. C'est la seule manière d'identifier les intérêts communs aux acteurs, les complémentarités et synergies potentielles ; de faire de la question forestière une question de société, pour laquelle chacun puisse être progressivement conduit à mieux connaître et comprendre son impact sur la résultante globale, à l'ajuster et à l'optimiser. C'est surtout, au-delà des débats technico-scientifiques, le véritable questionnement que réclame avec insistance la crise de la "référence forestière" (cf. partie II).

2. OPTER POUR LE PROCESSUS[58] PLUTOT QUE POUR LA NORME

Les approches actuelles de la gestion durable des forêts cherchent à maîtriser un objet flou, changeant, soumis à de nombreuses contingences au travers de quelques principes, critères, niveaux de performance et indicateurs bien nets. De fait, elles n'y parviennent pas : les normes de performance émises par le F.S.C. ou d'autres schémas de certification, de même que les critères et indicateurs des processus internationaux sont impuissants à gérer les effets des crises économiques sur les forêts ; à maîtriser les incidences potentielles des innovations technologiques ; à changer la représentation de l'état des forêts qu'a le plus grand nombre et à renforcer l'implication de la société civile vis-à-vis des forêts ; à modifier les pollutions aériennes, à enrayer la construction d'infrastructures routières au travers de forêts prestigieuses ; à

[58] Dans la suite, le terme procédure est utilisé dans le sens des algorithmes en mathématiques, c'est-à-dire d'un processus pas à pas que suivent les opérations considérées ; il diffère radicalement de l'emploi qui en est fait dans les tribunaux à l'occasion d'un procès ou de la procédure juridique au sens classique du terme de "l'ensemble de règles et des formes qu'il convient de suivre pour agir en justice", et par extension n'entretient aucun rapport avec le vocable procédurier. Le lecteur se reportera avec profit aux pages 251-252 et plus largement 225-277 de l'ouvrage de Michel SERRES, *Eloge de la philosophie en langue française, Editions Fayard,1995*, pour un panorama historique de cette distinction et une mise en perspective beaucoup plus large.

apporter des réponses valables aux nombreux problèmes que rencontrent les acteurs sur le terrain ; à assurer en somme que les forêts vont effectivement prendre l'orientation souhaitée dans un monde en changement permanent.
Malgré tout dominante, cette démarche qui tente de circonscrire la diversité du vivant, des hommes et de leurs interactions dans quelques règles universelles et impersonnelles est celle de l'univers légal. Bien qu'essentielle et nécessaire, cette approche est, à elle seule, inadaptée pour appréhender l'ensemble des influences auxquelles sont soumises les forêts, à encourager l'ensemble des acteurs à se comporter d'une manière vraiment constructive afin d'assurer un avenir satisfaisant et désiré aux forêts.

A mesure qu'elle est déclinée à des échelles fines, cette approche s'avère toujours plus contraignante, prescriptive dans la conception de ce qu'est une forêt bien gérée et finalement source d'uniformisation. Les recommandations paneuropéennes de Lisbonne ou les critères de certification à la propriété en arrivent ainsi à promouvoir des modèles de forêts et de gestion forestière particuliers, considérés *a priori* comme des panacées. Pourtant, nul ne peut prétendre savoir *a priori* ce qu'il est bon d'obtenir en forêt, au-delà de certaines considérations générales. *La gestion durable ne doit pas être un état déterminable et connaissable a priori, sorte de modèle idéal auquel il suffirait de conformer les situations de terrain ; ce doit être le résultat d'adaptation à des contraintes de différentes natures, à des projets d'acteurs, à des contextes culturels différents, en somme, une émergence.*

Autant cette approche normative de la forêt et de sa gestion se justifie sur certaines questions et à certaines échelles, autant elle devient dangereuse à être systématisée et transposée à tous les niveaux, sur de trop nombreuses questions. Vouloir imposer une conception de la forêt et de la gestion forestière *a priori*, c'est non seulement réduire les chances d'atteindre ce qui est recherché par rejet de certains acteurs, mais c'est en outre

exposer la forêt et les acteurs qui en dépendent à de nombreux périls, par réduction de la capacité d'adaptation, d'innovation et de souplesse des systèmes naturels et humains.
En outre, cette attitude conduit à n'apprécier la gestion durable que sous l'angle des résultats immédiats, observables sur le terrain, et sous l'angle des procédures et outils de gestion développés par les propriétaires et les gestionnaires forestiers et de leur conformité à des niveaux de performance préétablis. Cela revient à considérer en fin de compte que seul le résultat observable immédiatement a de l'importance, tout le processus et les efforts d'amélioration étant automatiquement disqualifiés. Cette approche a notamment pour effet de conduire certains opérateurs forestiers à "planter" des arbres morts en forêt pour "se mettre sans délai aux normes" ; pourtant, derrière ce ravalement de façade, rien n'a véritablement changé, surtout pas les relations entre les acteurs.

A l'opposé des approches actuelles de la gestion durable qui se substituent aux acteurs pour définir et prescrire ce qu'il est bon d'obtenir comme forêt et comme gestion forestière, et supposent ainsi avoir implicitement répondu aux "attentes de la société", il importe de promouvoir une conception de la gestion durable qui redonne leur place aux acteurs, à leurs besoins et attentes effectifs, à leurs projets et à leurs stratégies.

La gestion durable relève d'abord du processus[59], c'est-à-dire d'un cheminement pas à pas, une progression patiente mais déterminée visant à atteindre des objectifs donnés, sur un territoire pertinent, en cherchant à tout moment à s'adapter aux nouvelles circonstances. Les changements de conjoncture économique, les innovations technologiques, l'évolution des attentes et des besoins des sociétés, les stratégies des acteurs, les changements climatiques... sont autant de facteurs qui

[59] L'idée que la gestion durable correspond d'abord à un "processus démocratique" a été reprise dans le rapport Bianco, "La forêt, une chance pour la France". Cette réflexion sur la forêt française a été réalisée par un parlementaire à la demande du Premier Ministre.

modifient en permanence le contexte général dans lequel s'inscrivent les forêts et les questions forestières. Il est nécessaire de chercher à appréhender l'ensemble de ces phénomènes, leurs incidences connues et potentielles, pour assurer un certain pilotage de l'évolution des forêts. Qu'une innovation technologique, demain, permette de reconstituer à partir de bois de piètre qualité une structure et une apparence de bois de grande qualité, que vaudront alors les futaies de chêne prestigieuses, et comment sera financée leur gestion ? En quoi des règles et des normes de performance écologique permettront-elles de s'adapter à la nouvelle donne ?

Passer d'une approche normative et substantive de la gestion durable à une approche procédurale constitue le second défi essentiel pour les acteurs concernés par la forêt.

Pourquoi les professionnels de la forêt sont-ils enclins à promouvoir une norme ?

La polémique autour de la gestion durable et de la certification forestière a réactivé une tendance ancrée dans les esprits du monde forestier. Le principe qui l'inspire est le suivant : "en acceptant de se donner quelques contraintes supplémentaires, les forestiers seront enfin à l'abri des critiques des environnementalistes et resteront maîtres en leur domaine ".

On ne dira jamais assez combien une telle approche du problème constitue une impasse stratégique. Sous des dehors séduisants, elle correspond en fait à un retranchement derrière des lignes dont la capacité de "résistance écologique" a été volontairement gonflée afin de mieux contenir l'ennemi supposé et éviter de nouvelles remises en cause. Au recul devant l'adversité s'ajoute donc une survalorisation de la dimension écologique du problème.

Cette option est sans espoir, pour trois raisons essentielles :

- Elle n'offre tout d'abord aucune garantie de protection durable : aujourd'hui, dix arbres morts par hectare, suppression des intrants chimiques en forêt, au moins trois essences d'arbres différentes par unité de gestion... et demain, pourquoi en resterait-on là alors que la population à dominante urbaine voit d'abord dans les forêts un sanctuaire de la nature et un espace de liberté, devant échapper à l'intervention humaine ?

• En outre, en tentant de parer au plus pressé - les critiques d'ordre écologique - et en exaspérant la réponse écologique au problème, cette attitude néglige et déstabilise les autres aspects forestiers, notamment économiques. Raisonner une politique de gestion de la nature indépendamment du contexte socio-économique débouche toujours sur un "effet de retour en boomerang", les différentes dimensions des problèmes étant largement interdépendantes : tout excès dans un sens conduit immanquablement à une déstabilisation de l'ensemble du système, défavorable *in fine* à l'aspect privilégié. Que l'on considère les effets de la crise en Asie sur les projets de conservation de la nature : les textes de lois et les programmes d'actions sont toujours là, mais il est plus difficile que jamais de les faire respecter ; l'écologie sans l'économie est tout aussi dangereuse et chimérique que son contraire.

• Enfin et surtout, elle est parfaitement impuissante à traiter les problèmes de fond repérés plus haut. Bien au contraire, elle contribue à conforter la configuration actuelle où propriétaires et gestionnaires forestiers font figure d'accusés alors que le reste de la société estime être pleinement légitime à exiger d'eux une prise en compte d'autres considérations. Ce qui revient en fin de compte à surresponsabiliser les propriétaires sans leur donner les moyens adéquats ; à déresponsabiliser les autres acteurs de la société sans leur en faire comprendre le prix. Faire de la gestion durable une norme à respecter, c'est imposer aux propriétaires et gestionnaires des ajustements, sans contrepartie ni soutien, ni changement de représentation du reste de la société. Une telle approche ne peut conduire qu'à radicaliser les positions, à distancer durablement ceux auxquels il appartient de *faire* et ceux qui n'ont qu'à *dire*. A la clef, la démotivation des propriétaires et tous les comportements d'amertume consécutifs sont prévisibles.

Il est illusoire de croire que c'est en s'obligeant à contre cœur à mettre quelques arbres morts par hectare, à ne pas planter en bordure de ruisseau ou à rajouter quelques feuillus dans une plantation de résineux, que le problème sera résolu et que les acteurs forestiers recevront l'approbation de la société. *Quand bien même l'interrogation de la gestion durable serait vidée de sa virulence par sa réduction à une norme, il faut bien voir que le problème, resté entier, réapparaîtrait sous une autre forme. La peine perdue à concevoir une norme devra être redéployée encore et encore, et cela tant que les problèmes de fond n'auront pas été convenablement réglés.*

3. LE CŒUR DE LA GESTION DURABLE : LA NEGOCIATION ENTRE LES ACTEURS SELON UN MODE CONTRACTUEL

> *"A quoi bon respecter un cahier des charges exigeant de contraintes environnementales, si le premier venu, par négligence ou vengeance à l'encontre d'une société qui l'a abandonné, enflamme en quelques instants des années de patience et d'effort ?"*
>
> *Propos recueilli auprès d'un propriétaire forestier*

Les forêts du monde sont soumises aux influences croissantes d'une multitude d'acteurs, dont la capacité de nuisance peut être considérable. Seule une implication positive de ces acteurs peut assurer que les forêts prendront une orientation souhaitée et souhaitable. Dans le cas contraire, chacun continuera de penser et d'agir selon ses propres intérêts, sans se préoccuper des incidences de ses actes ; les complémentarités et les synergies resteront de vains mots ; *l'état des forêts sera le reflet de la dysharmonie dans les affaires humaines.*

La mobilisation et l'implication positive des acteurs ne sont possibles que s'ils sont :
- correctement informés de ce qui se passe et de ce qui est souhaité ;
- capables de situer leur action et ses effets possibles par rapport à la résultante globale poursuivie ;

- en mesure de négocier un éventuel ajustement de leurs propres actions, sans avoir à en souffrir de trop grands dérangements ou moyennant des contreparties convenables.

C'est pourquoi la rencontre, la communication et la négociation entre les acteurs deviennent des conditions *sine qua non* pour une prise en charge effective de l'avenir des forêts, dans ses diverses dimensions. Il s'agit en fait du *point névralgique* de la gestion durable, la coordination entre les intentions et les actions des acteurs devenant déterminante pour l'évolution des forêts.

Les acteurs n'ont pas besoin de négocier en permanence et sur tout. Seules les questions susceptibles d'affecter ou d'intéresser l'ensemble des acteurs dans leurs attentes vis-à-vis des forêts méritent d'être appréhendées en commun. Cependant, il est clair qu'une certaine continuité et une certaine fréquence dans la rencontre et la communication sont nécessaires pour familiariser chaque acteur avec les représentations des situations, des problèmes et des enjeux des autres acteurs. Cela constitue un préalable à l'instauration progressive d'un respect mutuel et d'un certain climat de confiance. Sans une amorce de climat de confiance, il est illusoire d'espérer conduire une négociation satisfaisante, capable de déboucher sur l'identification de jeux à somme positive, dont chacun pourra retirer des fruits.

Des perspectives de solutions à certains problèmes résident dans de nouvelles formes de débat et de négociation volontaires. Au sein du cadre juridique et normatif toujours essentiel, de réelles marges de manœuvre subsistent pour permettre aux acteurs, par confrontation de leurs attentes et offres respectives, de déboucher sur de nouveaux contrats bilatéraux ou multilatéraux, le terme de contrat devant être pris dans une acception large *"d'accord de deux ou plusieurs volontés en vue de créer une obligation réciproque"*. Seules de telles formes contractuelles sont de nature à motiver suffisamment les acteurs pour leur permettre de faire ce que nulle forme contraignante ne permettra jamais d'atteindre. Seules de telles formes contractuelles, ancrées dans l'action, sont de nature à déboucher sur des résolutions faisant l'objet d'un large consensus : le consensus a besoin d'être concrétisé dans l'action pour exister vraiment ; vouloir l'atteindre en restant dans le domaine des idées est un leurre, dès lors que le sujet comporte une certaine complexité.

Toutefois, pour y parvenir, un *changement radical* des postures stratégiques des différents acteurs est nécessaire. Dans l'état actuel, propriétaires et gestionnaires forestiers ont en effet trop souvent tendance à offrir spontanément ce qu'ils croient percevoir des attentes de la société, à "faire de la qualité en forêt" sans en faire comprendre le prix. A l'opposé, les usagers des forêts, soit ne formulent pas de demandes explicites et se contentent de réagir avec véhémence toutes les fois où une pratique ou un résultat leur déplaît, soit exigent des acteurs forestiers des ajustements comme s'il s'agissait d'un *dû*. En somme, *personne ne se prépare vraiment à la négociation*. Les premiers, parce qu'ils s'obligent préventivement, réalisent avant même d'avoir obtenu les moyens nécessaires ; les seconds, parce qu'ils exigent et obtiennent assez facilement satisfaction, se dispensent de réfléchir à ce qu'ils devraient offrir en contrepartie pour obtenir satisfaction à ce qui devrait être une demande. Cette situation, que chacun conforte par son attitude, conduit à affaiblir les notions de propriété et de responsabilité. Elle débouche aussi, un jour où l'autre, sur un *acculement* intenable des propriétaires et gestionnaires forestiers ; par symétrie, sur un désinvestissement global de la société sur les questions forestières, dont chacun doit redouter les effets. Il est donc essentiel que chacun reprenne le rôle qui lui échoit, propriétaires et gestionnaires ayant nécessairement des droits et des devoirs qui diffèrent de ceux des autres parties intéressées par les forêts. Chacun, chaque groupe d'intérêt doit faire l'effort de comprendre qu'il est ou peut être à la fois *offreur* et *demandeur* de prestations. Seule une confrontation des offres et des demandes est de nature à déboucher sur des contrats satisfaisants pour tous, que ceux-ci soient établis entre individus, entre collectifs de propriétaires et usagers via une collectivité territoriale, entre monde forestier et nation via une convention périodiquement réactualisée.

4. RESOUDRE LA TENSION ENTRE PROPRIETE ET PATRIMOINE COMMUN

Le statut des forêts, en cette fin de siècle, a changé. C'est du moins ce que laissent supposer maints discours de responsables politiques, d'Organisations Non Gouvernementales, de commentateurs, qui font des forêts, tantôt des "espaces ou des biens collectifs", tantôt un "patrimoine ou un bien commun de la Nation ou de l'Humanité".

Utilisées avec emphase et à l'envi, souvent dépouillées de toute précaution spéciale, ces formules constituent aux yeux des propriétaires, de leurs représentants ou de certains observateurs, une pure et simple négation de la propriété, privée notamment. Autant dire qu'elles sont sources de grande crispation et conduisent à l'exact opposé de ce qu'elles prônent : à faire des forêts un objet de conflits et un enjeu de pouvoir.

Entre ceux qui revendiquent le caractère inaliénable de la propriété privée et ceux qui invoquent la transcendance de notions telles que la biodiversité, la qualité du cadre de vie, les générations futures..., le désaccord paraît total, définitif même. Les premiers sont rivés sur les limites de la propriété ; les seconds les ignorent en vertu des phénomènes transfrontières et émergents auxquels ils se vouent. Comment sortir du dilemme ? Ces deux positions et les phénomènes auxquels elles s'intéressent en priorité s'excluent-ils vraiment ?

En fait, il n'y a pas à proprement parler *dilemme*, c'est-à-dire obligation de prendre parti pour un camp ou pour un autre. Chaque position renvoie à des préoccupations spécifiques, plutôt globales pour les promoteurs du patrimoine commun, plutôt locales pour les défenseurs de la propriété privée. Le dilemme se résout dès lors qu'est trouvé un chemin qui permet de passer du local au global et inversement. Moyennant l'existence d'un tel chemin, propriété privée et patrimoine commun de l'humanité peuvent *coexister* : l'antinomie n'était qu'apparente.

Ce type de problème n'est pas franchement nouveau pour le corps forestier. En Europe en particulier et depuis plus d'un siècle, le souci de conciliation entre intérêt individuel et intérêt général participait déjà de la recherche d'une réponse acceptable à cette tension entre préoccupations locales et globales. Reste qu'aujourd'hui la réponse à apporter est plus complexe : elle mobilise un nombre d'acteurs beaucoup plus grand, des dimensions et des échelles forestières plus variées ; le corps forestier, à lui seul, ne peut résoudre cette tension. A une définition de l'intérêt général conçue par quelques personnes et imposée à la multitude s'oppose aujourd'hui la multiplicité contemporaine de projets singuliers d'acteurs, à des échelles variées.

Le chemin assurant la coexistence, donc le passage de la propriété privée au patrimoine commun et réciproquement, ne peut être qu'un processus par lequel une articulation est recherchée entre les droits et projets des propriétaires sur des espaces délimités et les attentes et préoccupations de la communauté à des échelles plus ou moins englobantes, allant du massif forestier à la planète Terre.

Dans ces conditions, l'enjeu essentiel porte sur la qualité de la médiation entre ces différents niveaux de préoccupations et d'objectifs, non sur une réduction des droits de la propriété, ni sur une recherche de fondement juridique à la notion de patrimoine commun. Car toute restriction du champ de la propriété privée aboutirait rapidement à un mouvement général de démotivation des propriétaires forestiers. Car un patrimoine

commun doit correspondre à une volonté partagée, et non être conçu comme une prescription définie en haut lieu.
En somme, aucune incompatibilité théorique et pratique n'existe *a priori* entre ces deux pôles de préoccupations. Mieux, ils sont liés et doivent donc être menés de front : toute accentuation excessive de l'un au détriment de l'autre sera en définitive préjudiciable à un titre ou à un autre.
Il est donc temps de rendre caduque cette opposition stérilisante. Le seul moyen d'y parvenir consiste à conforter à la fois dans leurs droits les propriétaires privés - sans quoi ils refuseront tout discours de type patrimoine commun - et les tenants de préoccupations globales - sans quoi ils refuseront de tirer les conséquences de l'existence d'une propriété privée - , en leur montrant *qu'il est tout à fait possible d'avoir l'un et l'autre ; mieux, que l'un ne peut pas exister, à terme, sans l'autre.* Ainsi confortés dans la légitimité de leurs préoccupations et droits respectifs, les acteurs pourront se permettre de quitter leur position défensive et revendicatrice qui aujourd'hui absorbe leurs énergies, pour commencer d'explorer ensemble les voies de composition entre l'intérêt individuel et l'intérêt commun.

Ce changement de configuration générale devra s'accompagner d'un abandon des expressions qui sèment la confusion dans les esprits.
Le laisser-aller sémantique qui conduit à user indifféremment des termes collectif et commun est grave. L'assimilation entre "collectif" et "commun" découle de l'opposition entre *l'individu* ou le faible nombre d'individus et le *groupe* caractérisé par la multiplicité de ses membres. Cette distinction ne vaut qu'au plan quantitatif : c'est le nombre de personnes en cause qui commande le recours aux termes collectif ou commun. Cependant, cette assimilation masque des modes d'organisation, de fonctionnement et de prise de décision du "*groupe organisé*" foncièrement différents. Dans un mode d'organisation collectif, une seule unité d'action, la collectivité, est constituée *d'acteurs liés entre eux par des règles d'action*

préétablies, non négociables au cours de l'action. Une telle organisation contraste avec un mode d'organisation en commun, composé d'une pluralité d'unités de décision, libres d'œuvrer ensemble ou non pour une même finalité. Dans ce cas, l'implication conjointe des différentes parties dans une éventuelle action en commun n'est jamais assurée à l'avance : elle dépend de la qualité de la négociation entre les différentes parties et de sa capacité à faire émerger des actions dans lesquelles chacun trouvera un intérêt à s'impliquer effectivement aux côtés des autres. *Moyennant cette clarification sémantique, et sauf à envisager une collectivisation des espaces forestiers du monde, il est clair que pour la gestion de nombreux aspects forestiers, le mode d'organisation à envisager relève plus de la gestion en patrimoine commun que de la gestion collective.*

La seconde assimilation abusive concerne les termes de "bien" et de "patrimoine". La notion de "bien" a un sens très précis en droit ; il s'agit d'une notion exclusive. Un *bien*, c'est-à-dire une *"chose matérielle susceptible d'appropriation ou effectivement possédée"* est privé ou collectif, il ne peut pas être à la fois l'un et l'autre. En revanche, la notion de patrimoine[60], apparentée à la notion de "durabilité" dans la mesure où elle suppose un héritage et une transmission aux générations futures, permet de concilier des intérêts individuels avec ceux de la communauté locale, nationale ou mondiale. La notion de patrimoine, en effet, n'implique pas nécessairement la possession par celui qui identifie un élément comme "*son*" patrimoine : des œuvres d'art, des monuments historiques peuvent très bien participer du *patrimoine culturel* d'un pays ou d'une communauté tout en appartenant à des individus privés ; le patrimoine génétique d'un individu ou d'une espèce, quant à lui, n'est pas, pour le moment, appropriable. Au surplus, la notion de patrimoine ne s'adresse pas qu'à des biens tangibles, matériels et

---

[60] Pour une théorisation beaucoup plus complète de la notion de patrimoine, se reporter à la thèse d'Etat de M. Henry OLLAGNON, "*L'approche patrimoniale de la gestion de la qualité : application à la nature*", 1999.

échangeables : des éléments immatériels comme la culture, un ensemble de règles de savoir-vivre et savoir-être en groupe, de même que le paysage, la biodiversité peuvent constituer des éléments de patrimoine. Enfin, les échelles d'appréciation et la relation entre ces différentes échelles ont un rôle déterminant dans la notion de patrimoine : si un arbre qui fait partie d'un massif forestier considéré comme patrimoine d'une communauté vient à disparaître, sa disparition ne constituera pas nécessairement une grande perte. En revanche, la détérioration à grande échelle du massif forestier sera de nature à affecter la relation patrimoniale du groupe concerné.

A condition de prendre la notion de patrimoine dans un sens élargi, non restreint à l'aspect de "bien tangible", et sous réserve de reconnaître que cette notion ne suppose pas nécessairement l'appropriation exclusive par le "titulaire patrimonial", propriété privée et patrimoine commun sont conciliables. La possibilité de cette conciliation suppose néanmoins une réflexion approfondie afin de sécuriser à la fois le propriétaire privé dans ses droits et responsabilités et la communauté dans ses attentes à l'égard d'un espace ou des différentes qualités de cet espace (biodiversité, compétitivité, paysage...). A contrario, la propriété privée est incompatible avec des forêts considérées comme des *biens* communs, ou pis, des *biens* collectifs.

La propriété forestière familiale,
handicap ou garantie pour une gestion durable des forêts?

Pris de vertige à la vue de la rapidité des évolutions, saisis d'effroi devant la multitude humaine grandissante, ses besoins et ses excès, les esprits doutent : le maintien de la propriété et la gestion durable des forêts seront-ils compatibles ?

Tout le monde doute. Les uns parce qu'ils sont propriétaires et ne peuvent que constater l'érosion de leurs droits, assaillis qu'ils sont de toute part, des ramasseurs de champignons aux réglementations internationales. Les autres, parce qu'ils se demandent, comme le fit deux cents ans avant eux l'auteur des *Confessions,* si, dans un monde marqué par l'inégalité, la propriété n'est pas "la mère de tous les vices", surtout à un moment où il s'agit de préserver ce que les discours et les textes qualifient à l'envi de "patrimoine commun de l'humanité", la nature en général.

Nonobstant la gravité de cette question, nul ne la profère en public, nul séminaire ne lui consacre son thème et ses personnes qualifiées. Les propriétaires s'arc-boutent sur leurs droits, tant ils se sentent agressés par les évolutions en cours. Les non-propriétaires continuent d'agir dans le sens de leurs seuls intérêts, considérant sans doute que la propriété devra s'y conformer, ou disparaître.

Or donc, faut-il nationaliser les espaces forestiers, leur conférer un statut automatique de "bien collectif", déposséder les propriétaires de leurs droits, hier encore les plus imprescriptibles ?

1. L'histoire contemporaine montre de vastes territoires où le foncier, préalablement approprié, est soudain et *globalement* collectivisé. Il est alors censé devenir le bien de tous, du groupe. La plupart des régimes communistes ont fini par choir, incapables de répondre aux besoins les plus élémentaires de leurs populations, d'engager une "rationalisation de leurs productions", de s'adapter aux évolutions du monde. Tous les régimes communistes ont exercé des pressions excessives sur leurs milieux naturels, dégradé irrémédiablement des sols, des forêts, des mers et des fleuves. Au demeurant, l'effondrement de l'empire soviétique tiendrait pour une bonne part à l'incapacité de

gérer l'ensemble du territoire collectivisé, à assurer une production de biens renouvelables de qualité, dans le respect des contraintes et des potentialités des milieux.

2. Les océans sont le seul milieu naturel pour lequel la notion de "patrimoine commun de l'humanité" est fondée en droit. La dernière exposition universelle de ce siècle, tenue à Lisbonne en 1998, leur était consacrée. Or, un message désolant y était inlassablement répété : " *bien qu'essentiels à la vie de l'homme sur la Terre, les océans sont devenus la poubelle de l'humanité, les ressources marines sont surexploitées, les matières les plus nocives y sont rejetées...".*

3. En somme, un vaste espace non approprié, un espace déclaré "patrimoine commun" est aujourd'hui un espace où règne le "sauve qui peut". Tant que les déclarations d'intention ne se sont pas traduites par un changement effectif des comportements individuels et relationnels, le "patrimoine commun" reste un idéal théorique, n'ayant aucune chance de se concrétiser. En effet, non seulement un contrôle de tous les instants est irréaliste, mais en outre il ne change pas le point crucial : la qualité des relations entre les hommes vis-à-vis de ce patrimoine.
Or aujourd'hui, *les comportements effectifs de l'ensemble des acteurs qui composent la société, à tous les niveaux de territoire, n'assurent aucunement une prise en charge en patrimoine commun des questions forestières : dans une assez large mesure, chacun continue d'agir comme bon lui semble, sans se préoccuper réellement des incidences de ses actes, sur les forêts comme sur les autres acteurs.* Dans ces conditions, les propriétaires privés familiaux demeurent, dans l'essentiel des cas, une garantie certaine de conservation d'un patrimoine forestier de qualité, car ils y sont attachés par des liens affectifs d'une rare intensité. *Cet attachement constitue sans doute le critère de gestion durable le plus certain et le plus universel, hélas oublié par tous les processus consacrés à cette problématique.* Sait-on d'ailleurs que les quelques quinze millions d'hectares de forêts qui disparaissent chaque année[61] de la surface du globe appartiennent pour

[61] Pour la période 1980-1990, le rythme annuel de la déforestation est évalué à 15,5 millions d'hectares par an; les forêts tropicales paient de très loin le plus lourd tribut - D'après F.A.O., *State of the World's Forests*, Rome, 1997.

l'essentiel à des Etats ou des collectivités, en somme sont des forêts publiques ?

Faut-il en outre rappeler que la propriété est un des fondements de la société. Si un mouvement de remise en question de la propriété se déclenche en forêt, pourquoi en resterait-il là ? Qui sera en mesure de gérer l'onde de choc d'un tel traumatisme ?

Pour autant, l'attitude qui consiste à s'abriter derrière ses droits de propriétaire n'est pas tenable non plus. La notion de propriété est une notion relative. Chaque époque et chaque culture tolèrent une intensité d'*us*, d'*abusus* et de *fructus* variable. Ainsi, la cueillette de menus produits de la forêt et la promenade sont autorisées à tous dans la plupart des espaces forestiers des pays nordiques ; cette tolérance n'est pas en vigueur dans les pays latins.
C'est le cadre collectif et légal qui définit cette intensité. Quand la société accorde aux forêts des contributions majeures aux "grands équilibres de la planète", à la conservation de la biodiversité, à la qualité des paysages et au bien-être en général, des attentes nouvelles vis-à-vis des forêts, de fait, sont exprimées.

Dans ces conditions, l'alternative stratégique pour les propriétaires est la suivante. Ils ignorent ces attentes, estiment avoir déjà fait de leur mieux ou guère pouvoir faire plus, le risque étant alors qu'ils soient confrontés à un durcissement du cadre collectif et légal dans lequel s'inscrivent les caractéristiques de la propriété. Ou alors, ils changent radicalement leur posture stratégique actuelle "d'offreur systématique de bonne qualité forestière", qui consiste à se contraindre soi-même par prévention et sans contrepartie, avant même d'avoir fait préciser à la société ses demandes réelles et de lui en avoir fait comprendre le prix. La meilleure protection du droit de propriété et de l'étendue de sa signification consiste précisément à ne pas se fermer aux demandes extérieures, à débattre des attentes de chacun, à négocier sur des bases contractuelles, l'effort que chacun doit produire, propriétaires et non propriétaires, pour qu'au bilan la situation soit plus satisfaisante pour tous. Cette dernière option demande que la tension potentielle entre propriété et attentes de la société soit enfin portée au grand jour, approfondie, au lieu d'être refoulée ou pis, considérée comme un faux problème.

Dans le premier cas, tout le monde serait perdant, tôt ou tard. La qualité des forêts en serait gravement affectée. Des comportements désespérés, déjà visibles à petite échelle, sont en effet à attendre d'une réduction forcée de la signification de la propriété. Pourtant cela ne suffit pas nécessairement pour en éviter l'occurrence.

Il appartient à l'ensemble des acteurs vraiment concernés par les forêts de reconnaître la place essentielle que jouent les propriétaires, et les dangers extrêmes d'une attitude qui contrarierait leur implication constructive. A chacun de réfléchir à des approches plus élaborées, plus délicates aussi, susceptibles d'aider propriétaires et non propriétaires à relever avec courage et détermination les défis qu'engendrent les évolutions du monde. *Propriétaires et non propriétaires ont partie liée dans la conduite des destinées des forêts.*

5. UN BESOIN CRUCIAL : APPROFONDIR RAPIDEMENT LA REFLEXION SUR LES MODALITES

Les approches internationales de la gestion durable ont tenté de combler la crise de la référence forestière par la constitution d'une norme. Cependant cette norme est sans prise sur un grand nombre d'évolutions de la société et du monde ; elle est de surcroît impuissante pour susciter l'implication de chacun et assurer la coordination des stratégies d'acteurs dans le sens d'objectifs désirés pour les forêts. Il s'agit donc bien d'une référence, mais d'une référence inadaptée aux enjeux forestiers actuels et à venir, dont l'espérance de vie, de ce fait, est dérisoire au regard de l'échelle de temps forestière. La manière d'aborder le problème mérite donc d'être repensée.

Une double considération suggère la voie à suivre :
- Les forêts étant soumises aux influences changeantes de nombreux acteurs et facteurs, directs et indirects, il n'est plus

possible d'assurer qu'elles prendront l'orientation souhaitée sans stratégie. Tant que l'univers de l'action est relativement stable, la norme est suffisante ; dès lors qu'il devient trop mouvant, sujet à des recompositions potentiellement aussi importantes qu'imprévisibles, la norme doit accepter de perdre en préséance au profit de la stratégie, entendue comme "l'art de parvenir à ses fins". La stratégie n'exclut pas la norme ; elle la complète, donc la conforte finalement pour les domaines de l'action où elle demeure utile. La mise en œuvre effective d'une gestion durable est donc indissociable de l'élaboration d'une stratégie : à vrai dire, elle la suppose.

- L'avenir des forêts dépend du comportement et des actions d'un très grand nombre d'acteurs, aux intérêts et motivations des plus variés. Sans leur implication, consciente et constructive, le devenir des forêts ne correspondra pas à un devenir choisi, désiré ; il demeurera largement fortuit, fruit des vicissitudes et de la disparité des logiques individuelles. Il est toutefois vain de s'attendre à la mobilisation positive de ces acteurs si leurs besoins, leurs attentes et leurs projets ne sont pas pris explicitement en considération, s'ils n'ont pas de sérieuses chances d'être satisfaits. La mise en œuvre d'une gestion durable requiert donc l'implication positive de l'intégralité des acteurs ayant une influence sur les forêts. A son tour, celle-ci ne peut s'obtenir que si les grandes finalités accordées aux forêts *incluent* explicitement les objectifs spécifiques des acteurs ; si ces objectifs ont effectivement des chances d'être atteints. Le raisonnement étant valable pour chaque acteur, seule la construction progressive et méthodique d'un *dessein commun pour les forêts* est de nature à n'exclure aucun acteur ; seule la recherche constante de satisfaction des attentes des acteurs est de nature à maintenir leur implication positive.

En somme, la construction d'une nouvelle référence forestière de même que la mise en œuvre effective d'une gestion durable des forêts requièrent l'élaboration d'une *stratégie*. Mais il s'agit d'une stratégie très particulière puisqu'elle demande d'être conçue et portée non pas par un seul acteur ou groupe d'intérêt, mais par l'ensemble des acteurs concernés par les forêts. A l'évidence, l'envergure et la difficulté d'un tel projet plaide en faveur de principes, de méthodes et de techniques spécifiques, adaptées à la variété des acteurs impliqués des dimensions et des échelles.

C'est sous le titre générique de modalités que seront regroupées par la suite ces principes, méthodes et techniques nécessaires à la concrétisation de ce projet. Loin d'en faire le tour et d'estimer close la réflexion sur ces modalités, les auteurs ne pourront guère faire plus qu'évoquer quelques aspects sans doute essentiels et suggérer des voies d'approfondissement.

5.1. Réflexions d'ordre général pour l'établissement de "bonnes" stratégies concernant les espaces naturels

En matière de conservation et de gestion des milieux naturels[62], au plan mondial ou européen, plusieurs politiques d'envergure sont désignées par le vocable de stratégie. Les vicissitudes auxquelles sont confrontées certaines politiques publiques de même que certains dispositifs qui découlent de ces réflexions stratégiques laissent cependant penser que des déficiences demeurent dans leur mode d'établissement. Deux grands types de faiblesses seront évoqués.

Des stratégies qui n'en ont que le nom

Ces dernières années ont vu le développement de "stratégies" caractérisées par une "obligation de résultats et... une liberté de moyens". Définie au contraire comme "l'art de parvenir à ses fins", toute stratégie devrait avoir pour but de conduire une

---

[62] Les milieux naturels dont il est question ici ne se restreignent pas à des milieux sans intervention humaine et sans vocation de production à destinée humaine.

réflexion sur les conditions et moyens nécessaires et suffisants pour atteindre effectivement les objectifs visés. Cette apparente responsabilisation des intéressés correspond en fait à une réflexion insuffisamment approfondie. Car s'il est relativement aisé de fixer des objectifs généraux, il est en revanche beaucoup plus ardu de trouver la manière de les atteindre effectivement, dans un environnement en recomposition permanente, pour des domaines qui mêlent de très nombreux acteurs et aspects. Laisser ainsi les intéressés trouver eux-mêmes ces conditions et moyens, sans mettre à leur disposition des recommandations, des méthodes et des procédés adaptés pour y parvenir, revient à minimiser les chances de réussite. Et c'est faire preuve d'une certaine duplicité que de se déclarer, au vu des résultats obtenus, déçu de la confiance accordée aux acteurs.

La stratégie ne saurait donc se limiter à un cadrage d'objectifs.

Le réalisme : une contrainte et un guide clefs de la stratégie

Chacun connaît les textes de résolutions internationales où le seul emploi du conditionnel suffit à faire douter de la possible concrétisation des mesures envisagées : "*Considérant l'importance pour l'humanité de..., les Etats devraient ... ; il faudrait envisager... ; des transferts technologiques vers les pays les moins favorisés devraient être considérés...*"

• L'un des grands écueils des réflexions stratégiques relatives aux espaces naturels vient de ce que les actions envisagées demeurent souvent très théoriques et idéales. Telle stratégie mondiale en faveur de la biodiversité se donne ainsi comme objectifs globaux d'améliorer la qualité de la vie des hommes, de changer les comportements et les attitudes individuels ou encore de forger une alliance mondiale. De tels objectifs sont louables et présentent sans aucun doute une grande pertinence au regard de la finalité considérée - la conservation de la biodiversité. Mais les actions envisagées pour y conduire s'en remettent au bon vouloir des Etats, du marché ou des événements. Rien ne permet de penser sérieusement que les actions retenues seront effectivement mises en œuvre, financées, appropriées par les acteurs, à tous les niveaux.

• La seconde difficulté à laquelle sont confrontées les stratégies en faveur des milieux naturels tient à la complexité même de ces milieux et des enjeux qu'ils suscitent. Aspects économiques, écologiques, socio-culturels y sont enchevêtrés dans les faits, loin des catégories humaines de l'entendement, des représentations et projets singuliers d'acteurs. Pourtant, ces milieux font souvent l'objet de *stratégies sectorielles*, tantôt en faveur de la biodiversité, tantôt en faveur de l'emploi ou de telle ressource renouvelable. Forts de la légitimité des objectifs sectoriels retenus, les concepteurs de ces stratégies se concentrent sur des actions spécifiques de leur domaine d'intérêt. Relevant du bon sens, les actions envisagées n'en sont pas moins en butte à de sérieuses difficultés quand il s'agit de passer aux actes. A cette occasion, se manifestent des acteurs dont les intérêts sont potentiellement ou visiblement menacés.

Chercher à gérer une seule dimension d'un territoire ou d'un problème alors que cette dimension interagit avec de nombreux autres aspects et acteurs conduit nécessairement au blocage, au rejet ou à l'inefficacité. Une recherche d'intervention dans un environnement complexe peut difficilement faire l'économie d'une réflexion d'ensemble, étendue à l'intégralité des caractéristiques et enjeux du contexte, sous peine de s'opposer à d'autres intérêts ou des évolutions imprévues. Même si la stratégie vise préférentiellement une dimension particulière, elle requiert une investigation globale. Les difficultés rencontrées par plusieurs stratégies internationales en faveur de la biodiversité proviennent avant tout de leur caractère sectoriel, donc partiel, donc partial. Les malheurs de Natura 2000 tiennent d'abord à une conception de la conservation de la nature mal adaptée à un environnement changeant où aspects écologiques, économiques et sociaux sont étroitement liés :

isoler un de ces aspects en cherchant à optimiser sa gestion sans se préoccuper des autres ne pouvait pas aboutir favorablement. Vouloir gérer la nature sur un territoire donné sans s'interroger par la même occasion sur les conditions et les moyens nécessaires à sa bonne santé économique, l'existence de conditions de vie décentes pour sa population... ne saurait constituer une approche d'avenir.

Si une réflexion stratégique débute fréquemment par l'identification d'objectifs généraux, considérés comme essentiels, la formulation de ces objectifs ne doit rien avoir de définitif. A mesure que l'investigation sur le contexte se développe, que la réflexion critique sur les actions nécessaires pour atteindre les objectifs de départ gagne en consistance, une modification des objectifs peut très bien s'imposer. Une réflexion stratégique s'apparente donc à un processus itératif. Le bien-fondé des objectifs et du plan d'actions doit être éprouvé en fonction d'une investigation approfondie du contexte, de ses réactions prévisibles aux mesures envisagées en particulier. De là une information susceptible de faire apparaître des dimensions oubliées ou insuffisamment valorisées au départ, qui pourront recommander d'amender les objectifs ou d'en ajouter d'autres. D'où à nouveau, la nécessité de reconsidérer le plan d'actions, son réalisme et sa faisabilité, et ses conséquences possibles. Et ainsi de suite. Objectifs, conditions et moyens, approfondissement du contexte ont donc tout intérêt à être réfléchis conjointement et de manière répétée, à l'inverse des démarches qui traitent de manière chronologique et séparée ces différentes composantes de la stratégie.

La raison d'être de la stratégie est d'atteindre effectivement les objectifs réalistes visés. Elle nécessite donc une investigation en profondeur sur le contexte dans lequel elle est censée s'inscrire ; elle exige une réflexion critique sur les conditions et moyens envisagés afin d'atteindre effectivement les objectifs fixés ; elle requiert enfin que le bien-fondé des objectifs visés soit éprouvé, ce que permet une confrontation par itération avec les étapes précédentes. En l'absence de telles interrogations, les actions retenues constituent une liste d'actions ou un programme, dont les chances de succès sont d'autant plus faibles que le problème est d'une nature complexe et multi-acteurs.

5.2. Des modalités spécifiques pour la construction de stratégies forestières

Un défi général : réussir à construire l'unité malgré, ou, plutôt, grâce à la diversité.

Confier à certains acteurs "globaux" le soin de penser pour la multitude et n'attendre de celle-ci qu'une soumission à la règle ou au dispositif général fonctionne de moins en moins bien dans une société complexe. Pour plusieurs grands problèmes contemporains, les causes sont en effet multiples, enchevêtrées ; des acteurs nombreux, des dimensions et des objets variés les engendrent selon des modalités difficiles à appréhender, de surcroît variables dans le temps. Pollution de l'air, effet de serre, disparition de certaines espèces, sécurité alimentaire procèdent de tant de comportements et de facteurs qu'il est illusoire d'y mettre un terme par le seul recours à quelques mesures ou instruments généraux, élaborés par quelques experts.

Pourtant, ce type de problèmes, complexe par nature, est encore assez souvent traité à l'instar des autres problèmes, ceux que la technique, la science, le droit, l'économie ou l'autorité permettent de régler de manière probante. La responsabilité de leur résolution est donnée à une instance supranationale, un Etat ou un organisme donné. Les objectifs et les leviers de l'action sont définis en haut lieu, les acteurs n'ayant plus qu'à se conformer à la nouvelle donne. Les arbitrages se font souvent au profit des catégories les mieux organisées, les plus influentes, et des idées dominantes. Le niveau où les problèmes sont abordés permet rarement d'inclure des considérations fines, relatives : un nivellement des situations et des problématiques s'opère. Pour gagner en lisibilité et en universalité dans l'application de la mesure ou de l'action, une simplification considérable de la réalité considérée est effectuée ; les interactions sont souvent éludées. Finalement, une grande déperdition d'information et d'implication a lieu : passifs, les acteurs attendent qu'on s'occupe d'eux, à moins d'être menacés par le projet et d'essayer alors de le bloquer.

Sur de tels problèmes, les desseins globaux et les politiques générales sont toujours nécessaires. N'est donc pas tant en cause l'idée selon laquelle il importe de "penser globalement et d'agir localement" que la manière dont cette idée est interprétée, à savoir : *"les acteurs "globaux" pensent, les acteurs "locaux" appliquent".* Cette rupture entre les types d'acteurs et les rôles attribués, bien visible dans le cas des problématiques de la gestion durable et de la certification forestière, est sans doute pour beaucoup dans l'inadéquation des réponses conçues aux problèmes effectifs.

A la nature complexe et multi-acteurs de ce type de problème, semble au contraire devoir correspondre une pensée globale enrichie de l'expertise de l'ensemble des acteurs impliqués dans le problème, qu'ils soient acteurs "globaux" ou "locaux". De même, l'action n'a probablement de chance d'aboutir que si chacun, à son niveau, dans les champs de compétence et de responsabilité qui sont les siens, se mobilise en faveur de la résolution du problème ou de la concrétisation du projet d'ensemble. *Comme si chacun détenait une parcelle du diagnostic d'ensemble, un fragment de la réponse à apporter.*

Améliorer, sur de tels problèmes, la manière dont les politiques globales sont conçues demande donc au minimum que les acteurs, à tous les niveaux, soient pris au sérieux, mis dans des conditions telles qu'ils soient effectivement convaincus de pouvoir contribuer à la construction de leur propre avenir, d'être écoutés, de pouvoir influencer les décisions, les objectifs, et d'être aidés à cette fin. Il ne s'agit nullement de remplacer des décisions globales par une pléthore de décisions locales, simplement de faire que chacun joue pleinement son rôle d'acteur dans la société, contribue mieux et plus aux décisions et à la situation globales ; qu'inversement, les décideurs et responsables de niveau englobant soient mieux au fait de la diversité des situations, des attentes, des projets des acteurs locaux et parviennent à l'incorporer dans leurs décisions de manière plus complète et fidèle.

Cette démarche devrait progressivement engendrer des objectifs, des projets qui seront considérablement enrichis des particularités fines des situations, des potentialités singulières des acteurs. En outre, elle devrait avoir plus de chance de conduire aux changements escomptés dans la mesure où les objectifs généraux et les actions associées auront été validés par les acteurs eux-mêmes, dûment débattus et négociés au regard de multiples considérations.

En somme, *se pose avec une intensité accrue de jour en jour le défi de la diversité dans l'unité* : réussir à concilier des objectifs variés en forêt se jouant à différentes échelles et entre échelles, à construire des politiques forestières plus respectueuses de la diversité des situations, des intérêts et des projets des acteurs, tout en développant une approche intégratrice, support d'une action globale et cohérente en faveur des questions forestières.
L'aphorisme ancien[63] qui fait de la langue à la fois la meilleure et la pire des choses vaut également pour la diversité dans les affaires humaines. Si la diversité des acteurs et de leurs intérêts constitue une source de complication réelle, de nature à déboucher sur des formes conflictuelles difficiles à maîtriser, sans doute est-elle également susceptible de forcer les hommes à des comportements individuels et en groupe plus responsables, avant de concevoir des modes de relation plus évolués entre eux et leur environnement naturel. *L'un des*

---

[63] Selon la tradition, le fabuliste ESOPE tenait la langue - le langage - à la fois pour la meilleure et la pire des choses.

grands enjeux de l'époque contemporaine, dans le domaine forestier comme sur de nombreuses autres questions, consiste donc à s'appuyer sur la diversité plutôt que de la craindre ou de chercher à la réduire, afin de stimuler l'émergence de solutions insoupçonnées. Encore s'agira-t-il de s'entourer de modalités bien spécifiques, de manière à sécuriser au maximum les situations et ainsi réduire les risques de dérive inhérents à la diversité.

C'est à une réflexion sur ces modalités spécifiques que sont consacrées les lignes qui suivent. Le propos sera assez souvent général : il s'agit avant tout d'ouvrir des horizons et d'inviter à approfondir concrètement les voies signalées, en sachant qu'elles gagnent à être appréhendées comme un tout, susceptible de contribuer à fonder un mode rénové pour traiter les problèmes complexes et multi-acteurs auxquels sont soumises les questions forestières.

Seront successivement abordés des éléments relatifs au renforcement de l'implication des acteurs, aux procédures de gestion des problèmes complexes, à la facilitation, à l'instauration de lieux d'échange et de négociation, au traitement et à la diffusion de l'information, à la définition d'entités territoriales stratégiques, aux relations entre échelles d'appréciation des situations et des problèmes, à la redéfinition des rôles de la puissance publique et notamment de l'Etat.

Réussir à impliquer les acteurs de la manière la plus constructive possible

La consultation, la concertation et le partenariat sont souvent perçus comme des mots piégés. Trop de réflexions, d'actions et de politiques ont été conduites en leur nom ces derniers temps, alors que les jeux étaient faits d'avance, qu'il s'agissait de forcer l'assentiment des acteurs sur un projet, de camoufler la recherche d'une redistribution des pouvoirs sous le titre aguicheur de partenaire.

Aussi, les acteurs sont devenus méfiants. Entre ceux qui voient désormais dans ces expressions des instruments de propagande et de domination, et ceux qui ne se sentent pas directement intéressés ou motivés, seules des bases rénovées peuvent fonder une rencontre, une communication et une négociation constructives.

Conforter les acteurs, sécuriser l'échange et la réflexion en commun

Les acteurs doivent tout d'abord être respectés dans leurs contraintes, droits et champs de responsabilité propres. Seul un acteur conforté dans son rôle et dans ses attributions est susceptible d'accepter de débattre ouvertement de certaines questions. Dans le cas contraire, se sentant menacé dans son statut, ses responsabilités ou ses prérogatives, rien ne pourra vraiment être attendu de lui.

Ceci est tout particulièrement vrai pour les propriétaires forestiers. A la violence des instruments actuels qui tentent de forcer les propriétaires et les gestionnaires forestiers à adopter d'autres modèles forestiers, d'autres modes de gestion, il est nécessaire de substituer une approche en douceur, qui reconnaisse le rôle essentiel de ces acteurs, et leur redonne confiance.

Tout processus qui chercherait une implication réelle des acteurs doit au préalable se démarquer des formes fallacieuses qui utilisent la concertation ou le partenariat sans réellement respecter les contraintes et les projets de l'ensemble des parties concernées. Avant même d'entrer dans la discussion, les acteurs doivent savoir avec précision quels en sont les objectifs, les modalités, la déontologie, l'utilisation qui sera faite de leurs propos et des éventuels résultats de l'échange. Le développement de dispositifs sécurisés de rencontre, de communication et de négociation, fondés au besoin sur des *chartes* précises, est sans doute une condition primordiale à l'instauration d'un échange valable.

Identifier au cas par cas les conditions nécessaires à l'implication des acteurs

Pour les acteurs qui se laissent facilement tenter par l'absentéisme, des formules spécifiques sont à mobiliser. Les forestiers connaissent bien ce problème quand ils essaient de faire venir à leurs forum des élus ou des responsables politiques, sans grand résultat. Cette situation n'a rien d'une fatalité ; des motifs la fondent qu'il est primordial d'élucider. Dès lors que la résolution d'un problème ou la réussite d'un projet recommande la participation d'un acteur, son implication doit être activement recherchée.

L'univers marchand a su développer des approches visant à mieux comprendre les aspirations des clients potentiels, les raisons profondes de leur désaffection pour tel ou tel produit, et la manière de mieux répondre à leurs attentes. Ces techniques peuvent très bien être adaptées et enrichies pour des problématiques complexes, liées à des territoires. *C'est au développement d'une méthodologie de la mobilisation des acteurs qu'il convient aujourd'hui de se consacrer.*

Des entretiens en profondeur avec les interlocuteurs sont de nature à révéler les motifs de leur désintérêt ou de leur faible implication. Ces motifs peuvent être aussi différents qu'il y a de personnes, et doivent susciter autant de réponses et de stratégies ajustées. Elles pourront se traduire par des aménagements financiers ou du temps de travail, de nouvelles formes de participation citoyenne, la recherche d'offres ou de réponses sophistiquées aux attentes, des formes rénovées de sensibilisation, ou encore donner lieu à des réformes plus profondes. Cette démarche demeure pertinente pour certains propriétaires forestiers qui, pour des raisons très diversifiées, ne s'impliquent que de manière modérée dans des projets ayant trait aux forêts. Elle peut très bien, à une toute autre échelle, être utilisée pour préciser les conditions et les moyens d'une "*re-patrimonialisation*" des forêts d'un territoire par une société devenue à majorité urbaine.

Des techniques visant à préciser les conditions de la motivation d'un acteur par un projet sont disponibles ou peuvent être améliorées. *De sorte qu'un acteur qui ne s'implique pas de manière constructive alors que sa participation paraît souhaitable, est un acteur qu'on n'a pas vraiment voulu ou pas su mobiliser.*

Des procédures spécifiques d'appréhension et de gestion des problèmes complexes[64]

Une communication difficile à établir entre acteurs aux intérêts variés

La qualité de la communication entre les personnes concernées par un même sujet conditionne une éventuelle action concertée. Or cette communication est d'autant plus difficile à établir que les acteurs ont des intérêts, des logiques, des formes d'intelligence, des champs de responsabilité et d'actions distincts et variés. Pris dans leurs représentations singulières d'une situation ou d'un problème, utilisant des langages et des mots qui ne recouvrent pas les mêmes significations, il leur sera souvent fort malaisé de se comprendre vraiment, d'identifier ce qui pourrait, au-delà des apparentes différences et divergences, les relier.

De là des réunions souvent peu fructueuses où chacun reste sur ses positions, présente un discours cohérent mais hermétique à tout autre discours, s'ennuie dès qu'un autre que lui prend la parole, puis finalement s'absente ; de là aussi des diagnostics souvent partiels, sinon superficiels, sur la nature des problèmes rencontrés. De là encore une rupture entre les différentes échelles de décision et d'appréciation des problèmes : des

---

[64] A prendre dans son acception de cumplexus (tissé entre) qui met l'accent sur les interactions.

ministres s'engagent sur une directive ou sur une convention dont les implications peuvent être considérables pour les acteurs de terrain, sans que ces derniers soient prévenus ou consultés alors que l'objectif visé dépend de leur implication. De là enfin, des négociations forcées où chacun restant sur ces gardes, aucun jeu à somme positive, aucune synergie ne sont identifiés.
Cette situation procède pour une bonne part de l'insuffisant recours à des dispositifs, des méthodologies, des langages, des techniques ou des préceptes adaptés à ce type de situation caractérisée par la complexité des problèmes et le grand nombre d'acteurs concernés.

Aider les acteurs à construire une représentation commune de la situation, des problèmes et des enjeux

Chacun, à son niveau, dans son champ de responsabilité, avec sa sensibilité, ses connaissances et son savoir-faire perçoit une partie du problème, sous un angle spécifique. Souvent très cohérents, argumentés et détaillés, ces regards n'en sont pas moins difficiles d'accès pour les autres acteurs : n'en sont souvent perçus que des parties, des points forts, des mots marquants, mais l'unité, la logique profonde et les conséquences souvent implicites échappent.
Œuvrer en faveur d'une meilleure communication entre acteurs, c'est donc déjà permettre à chacun d'avoir une meilleure connaissance de la position de l'autre, une image plus fidèle et plus riche du regard qu'il porte sur un problème, sur un projet, les raisons profondes qui le motivent ou au contraire l'indisposent. De nombreux malentendus peuvent être levés de cette manière. Maints points d'accords peuvent se faire jour aussi qui rendront plus facile la poursuite de l'échange.
Par la mise en relation de ces différents regards sur une réalité peut émerger une approche d'un problème ou d'un projet beaucoup plus complète, susceptible de faire changer la

représentation que les acteurs avaient de la situation. Ainsi, une forme de représentation commune aux acteurs peut se dégager. De nombreuses structures, de nombreux aréopages ont précisément ces vocations. Leur rôle est tout à fait essentiel, mais leurs résultats pourraient être sensiblement améliorés par le recours à des méthodologies et des outils spécifiques. Sans qu'il soit question d'en dresser un inventaire exhaustif et d'en présenter les principes par le menu, les quelques idées suivantes pourront être retenues.

Des modalités complémentaires pour améliorer la communication et la négociation entre acteurs

Deux grands types d'intervention sont envisageables. Ils visent l'un et l'autre à construire une représentation plus globale d'une situation ou d'un problème, mais diffèrent par la manière d'y parvenir. Dans le premier cas, l'approche globale est réalisée par une personne extérieure, à partir des expertises recueillies auprès des différentes parties concernées par le problème ou le projet. Dans le second cas, les acteurs concernés sont directement réunis ; la représentation globale est censée émerger de leurs échanges organisés selon des méthodologies spécifiques.

Plusieurs raisons peuvent conduire à privilégier l'intervention d'un auditeur[65] extérieur, neutre vis-à-vis des acteurs concernés par un même problème. Certains problèmes convoquent un trop grand nombre d'acteurs pour envisager de les réunir régulièrement avec une certaine efficacité ; les acteurs peuvent ne pas être disposés à se rencontrer ; la réalisation d'entretiens individuels, soumis à des clauses de confidentialité et de déontologie, peut permettre, dans certains cas, d'identifier des raisons cachées ou profondes qui contrarient les relations entre acteurs, alors qu'une confrontation directe s'y opposerait. Moyennant une formation adaptée, une ouverture d'esprit

---

[65] Du latin "*audire*" (écouter), à ne pas confondre avec l'auditeur financier, en fait un vérificateur ou contrôleur.

réelle, l'auditeur doit pouvoir développer une compréhension fine des positions des différents acteurs. Selon les circonstances et les résultats de la démarche, plusieurs utilisations pourront être faites. Au minimum, une présentation des différentes positions devant les acteurs peut être organisée. Au delà de cette restitution, l'information peut être raffinée, afin de mettre en exergue les points d'accord, de désaccord, les sujets à approfondir. Pour les approches qui s'appuient pour la réalisation des entretiens sur des *"grilles stratégiques d'identification et de résolution de problème"*, des résultats plus élaborés peuvent être espérés. L'objectif poursuivi avec ce dernier type de démarche est de reconstituer la nature systémique d'un problème, de révéler les interactions nombreuses qui l'engendrent, les offres et les demandes de qualité de chaque acteur influent, afin de déboucher sur des démarches négociées de gestion d'un problème ou de participation à un projet. Ainsi, la procédure "d'audit patrimonial"[66] vise à appréhender un problème d'une manière globale, dans l'ensemble de ses composantes humaines, relationnelles, artificielles et naturelles. Elle repose sur la mobilisation des différentes formes d'intelligence et d'expertise sur un problème donné. Par confrontation des différents regards obtenus sur une situation problématique particulière, se dégage progressivement une vue d'ensemble du problème, qui permet en général aux acteurs d'accéder rapidement à une vision plus large de la "problématique" à laquelle ils s'intéressent. La mise en relation de différents éléments d'expertise permet en effet d'identifier des mécanismes ou des phénomènes qui demeurent bien souvent dissimulés aux yeux des acteurs, faute, pour ces

---

[66] La procédure d'audit patrimonial s'appuie sur une grille d'identification et de résolution de problème structurée en quatre registres (I.D.P.A. : respectivement **I**dentification de la situation et des problèmes; **D**iagnostic des actions engagées; **P**rospective; Propositions d'**A**ctions). La conception et le perfectionnement de cette procédure sont l'œuvre de M. Henry OLLAGNON et de ses collaborateurs; depuis une dizaine d'années, des étudiants de l'Institut National Agronomique Paris-Grignon (I.N.A. P-G) sont formés à son utilisation en univers complexe et multi-acteurs.

derniers, de pouvoir obtenir certaines informations ou de réussir à prendre du recul par rapport à leur propre jeu d'acteur et ses répercussions possibles sur le comportement d'autres personnes. Ce type d'approche permet surtout de repérer les intérêts communs aux acteurs, et sur cette base, de préciser les conditions et moyens d'une implication rénovée de chacun pour le traitement d'un problème ou la participation à un projet.

Une seconde formule consiste à réunir directement les acteurs en groupe limité de douze à quinze personnes, censées devenir les leaders capables d'impulser le changement recherché. Plus le problème considéré revêt de dimensions et convoque des intérêts différents, plus le recours à un animateur extérieur est souhaitable. La gamme méthodologique pour ce type d'intervention est assez large : elle part de "l'animation légère" pour aller jusqu'à des processus avec méthodologie spécifique pour des problèmes complexes et multi-acteurs. Dans les premières, l'intervenant extérieur se limite à passer la parole, à reformuler au besoin, à organiser éventuellement le déroulement des discussions. A l'autre extrême, se trouvent des processus de réflexion organisés autour du "langage qualité" : l'animateur est un consultant, son rôle dans le déroulement du processus est plus poussé, il invite les acteurs à progresser dans leurs réflexions selon une grille stratégique précise, produit des synthèses, facilite le repérage des points d'accord, prépare des négociations constructives. Plusieurs formules intermédiaires sont également disponibles dont les finalités sont variables. Certaines par exemple sont très adaptées pour mettre les acteurs concernés par un même problème dans un état d'esprit plus favorable à l'échange et la négociation. En favorisant l'expression des appréhensions des acteurs les uns par rapport aux autres, elles assainissent d'emblée les relations entre acteurs[67] et préparent de ce fait le terrain pour des approches

[67] Développée par des chercheurs de l'Université de Compiègne (U.T.C.) et un groupe de consultants en entreprises, la méthode **PAT-Miroir** constitue un exemple de ce type de méthode. En faisant s'exprimer, en séance, des acteurs concernés par un même projet sur les *peurs d'être trahis*, les *attraits à la*

plus stratégiques, nécessitant une certaine confiance entre les participants. Des ateliers de prospective[68] constituent également une manière intéressante de changer les relations entre acteurs en conduisant ces derniers à réfléchir ensemble à des horizons plus ou moins lointains.

Ces différentes méthodes sont intéressantes. Elles n'en sont pas pour autant équivalentes et doivent être mobilisées à bon escient : leurs potentialités diffèrent. La combinaison entre des audits réalisés par une personne extérieure selon des méthodes et une déontologie précise et des groupes de réflexion est riche de perspectives. Plus généralement, il importe aujourd'hui de recenser l'ensemble des méthodes et procédures d'audit ou de réflexion concertée, de s'interroger sur les conditions de leur utilisation, les avantages et inconvénients de chacune.

Tant que l'élaboration et le développement de ces méthodologies ne sera pas encouragé, il est à craindre que les discours et les actions relatifs aux forêts restent fragmentaires, sans véritable capacité d'appréhension de la complexité de nombreuses problématiques forestières, sans véritable aptitude à mobiliser, pour un dessein commun, des acteurs aux intérêts variés.

Toutefois, le recours à ces méthodes ne garantit pas à lui seul un résultat probant. Si la méthode et la personne qui la met en œuvre ont leur importance, le troisième élément clef pour la réussite d'un processus de ce type réside dans les participants eux-mêmes. Si ces derniers ne sont guère motivés pour que le processus aboutisse favorablement, s'ils ne ressentent pas

---

coopération et les *tentations de trahir* qu'ils nourrissent les uns par rapports aux autres, l'animateur conduit chaque participant à reconstituer la représentation que l'autre a de lui et conduit le groupe à dégager une représentation partagée de la situation d'interaction.

[68] Les exercices de prospective proposés sont généralement inspirés des travaux de l'équipe de M. Michel GODET, responsable du laboratoire de prospective au Centre National des Arts et Métiers (C.N.A.M.).

l'intérêt d'une action en commun, aucune avancée notoire ne sera observée, quelle que soit la méthode utilisée. A la limite, mieux vaut recourir à des méthodes de ce type pour des territoires ou des problèmes sur lesquels des acteurs manifestent une volonté réelle de travailler ensemble plutôt que de chercher à y recourir de manière systématique. Cela permet en retour de concentrer les efforts sur les situations favorables.

De nouveaux métiers essentiels à l'amélioration de la communication entre les hommes : la facilitation

Derrière ces approches, le besoin de nouveaux métiers et la nécessité de former des "esprits de finesse et de synthèse", dévoués à l'intérêt commun des acteurs, se dessinent. Outre leur grande ouverture d'esprit et leur *faculté d'intégrer des considérations diverses*, ces personnes devraient se distinguer par leur neutralité et leur *intégrité*. Leur fonction serait d'améliorer la qualité des échanges entre acteurs en aidant ces derniers à prendre du recul sur le problème qui se pose à eux, sur l'action qu'ils pourraient conduire avec d'autres et en identifiant les possibilités de jeux à somme positive. Car rien n'est plus difficile pour un acteur impliqué dans une situation ou un problème de quitter sa sphère de représentation, de se mettre à la place de l'autre, de trouver spontanément les mots acceptables pour lui, les projets susceptibles de l'intéresser, toutes conditions pourtant nécessaires afin de passer de bons contrats avec autrui. Rien ne saurait remplacer un regard extérieur bienveillant, soucieux de favoriser l'harmonie dans les relations entre les hommes ainsi que dans les rapports entre les hommes et la nature.

Tant qu'elle ne misera pas sur de telles fonctions d'accompagnement, de médiation, de distanciation, de repérage des possibles synergies, en un mot de *facilitation*, la société contemporaine aura les plus grandes peines à surmonter les effets délétères de la spécialisation des esprits et du caractère souvent parcellaire des projets.

L'instauration d'une communication de qualité entre les hommes demeure l'une des plus grandes difficultés, l'une des plus grandes sources d'améliorations aussi: lucides, certaines entreprises privées l'ont compris ; le secteur public, en revanche, tarde à en percevoir l'utilité. *Désormais, ne pas miser sur des conditions et moyens favorables à l'échange revient à ne pas vouloir que la communication s'instaure.*

Susciter l'émergence de nouveaux *lieux* de rencontre, de communication et de négociation

Les forêts sont actuellement soumises à deux grands types d'intervention : d'une part *une intervention collective* organisée par les Etats ou les collectivités territoriales ; d'autre part une *multiplicité d'actions individuelles d'opérateurs privés*, susceptibles de recouvrir des formes fort diverses, allant du rejet de dioxyde de carbone dans l'atmosphère à l'achat d'un produit à base de bois et leurs incidences sur les forêts en passant par l'exploitation ou la gestion d'une forêt par un propriétaire[69].

Entre le mode d'intervention public ou collectif et le mode d'intervention individuel ou privé, un espace considérable de rencontre et de négociation existe dont la finalité pourrait être de chercher à *mieux coordonner les actions des différents intervenants*, qu'ils soient privés ou collectifs afin d'assurer un meilleur *pilotage* des destinées des forêts.

L'ensemble des modalités et préconisations qui précèdent s'adressent précisément à ce troisième type d'intervention ou *champ de l'intervention en commun*. Son existence dans une

---

[69] Pour un approfondissement de l'idée dans un contexte français, se reporter aux pages 28 à 46 de l'ouvrage *"Gestion durable des forêts : la France à l'heure des choix"* - AFOCEL, 1998.

société complexe et multi-acteurs, est essentiel. Il constitue une sorte de *clef de voûte* du mode général d'appréhension des questions forestières, dans la mesure où c'est justement par la mise en relation des projets et stratégies atomisés d'acteurs qu'une approche plus globale et cohérente dans la prise en charge des questions forestières doit résulter. La base nécessaire pour une mise en œuvre de ce champ de l'action en commun réside dans l'existence de lieux de rencontre, de communication et de négociation entre acteurs concernés par les forêts.

Par la force des choses souvent, par la volonté et la lucidité de certains responsables parfois, des espaces de rencontre et de négociation ont été instaurés dans plusieurs pays. Ils s'apparentent souvent à des commissions officielles, placées sous l'égide de la puissance publique. L'existence de semblables commissions ou structures de réflexion en commun est des plus nécessaires. Les préconisations générales présentées dans les paragraphes précédents, moyennant des adaptations aux contextes considérés, peuvent aider ces structures et commissions à fonctionner mieux, pour de meilleurs résultats.

Ces espaces d'échange, de réflexion et de décision en commun sont néanmoins confrontés à deux grandes difficultés. D'une part, ils ont généralement été institués à des échelles globales, au plan national et/ou régional par exemple. Ils convoquent au plus une cinquantaine d'acteurs pour des problématiques fort nombreuses, relatives à de vastes territoires. Ces niveaux d'appréhension sont tout à fait nécessaires. Cependant, la prise en charge de l'ensemble des dimensions et enjeux forestiers demande aussi qu'à d'autres niveaux, les communautés d'acteurs plus directement concernés par des espaces forestiers précis, puissent débattre et négocier ; qu'en outre, ces différents niveaux interagissent convenablement. En outre, le caractère formel de ces structures, souvent placées sous l'égide de la puissance publique, n'est pas nécessairement favorable à l'expression spontanée de certaines positions et à la recherche de formes de résolutions contractuelles aux problèmes. Sans qu'il soit utile de créer de nouvelles structures, des rencontres informelles entre acteurs, dans des lieux neutres, peuvent s'avérer très fécondes afin de préparer des réunions dans lesquelles les acteurs se sentent moins libres d'expression.

Il importe donc d'encourager aux différents niveaux pertinents l'émergence de ces *lieux* d'échange et de négociation afin que des *communautés de prise en charge des questions forestières* se constituent à des niveaux successifs, chaque niveau étant nécessaire. Plutôt que de créer des structures *ad hoc*, il est sans doute préférable d'aménager des conditions et moyens favorables à l'apparition et au bon fonctionnement de ces lieux informels ou non ; aux acteurs d'un territoire donné, d'un massif forestier homogène ou d'un grand ensemble biogéographique de décider alors s'il est opportun qu'ils cherchent à mettre en commun leurs énergies.

Mettre à la disposition des acteurs une information stratégique en temps réel

Alors que dans le domaine forestier plusieurs évolutions majeures se jouent au plan mondial, les acteurs de terrain, malgré les efforts réels de certains responsables nationaux, n'ont encore accès qu'à des considérations générales et sommaires. Inversement, les responsables nationaux ou internationaux ont difficilement accès à l'information fine de terrain. L'information entre acteurs liés aux forêts circule mal, surtout d'un niveau de territoire ou de responsabilité à l'autre, d'un type d'acteur à un autre. Tant que cette situation perdurera, l'ajustement des stratégies de chacun au regard de finalités générales sera hors d'atteinte.
Un double enjeu se fait donc jour : il s'agit tout d'abord de réussir à générer une information stratégique de meilleure qualité ; en second lieu de porter cette information à un grand nombre d'acteurs, en veillant à l'adapter le cas échéant aux besoins et aptitudes propres à chacun.

Revues, rapports, actes de séminaires regorgent de faits divers, d'études, de chiffres et de données. L'information est donc abondante pour qui peut se permettre de la chercher. Cependant elle demeure fragmentaire et éclatée entre de nombreux supports. En outre, *l'essentiel* est souvent noyé sous l'exubérance des données.

Entre les articles qui se contentent de relater une manifestation ou les propos d'un opérateur donné et l'analyse stratégique commanditée par un acteur particulier à un consultant, de ce fait très limitée dans sa diffusion, de nombreuses formules intermédiaires peuvent être conçues, susceptibles d'apporter des éclairages d'ensemble à une multitude d'acteurs. *Les acteurs n'ont en effet pas le temps de faire l'effort nécessaire de mise en relation de certaines informations, d'analyse de ce qui se passe dans d'autres domaines que leur domaine de prédilection, à d'autres niveaux de responsabilité que le leur.* L'essentiel n'est donc pas tant dans la création d'un observatoire ou d'un organisme de veille que dans le *croisement d'informations et d'analyses*, dans la production régulière de *panoramas* sur des thématiques importantes, de *notes d'informations stratégiques* qui permettent de saisir rapidement ce qui se passe ailleurs, à d'autres niveaux de responsabilité et d'actions, dans d'autres secteurs d'activités. Il s'agit donc bien de compléter et non de doubler tout ce que les revues techniques et spécialisées peuvent apporter à ce jour. *La réalisation d'un tel programme requiert des esprits formés à l'analyse stratégique plutôt qu'au seul journalisme. De telles personnes devront avoir une réelle aptitude à solliciter l'expertise d'acteurs d'origines sociales diverses et de domaines de compétences variés, afin d'assurer cette fonction de sélection et de mise en relation d'informations éparses.*

Toucher un grand nombre de personnes en temps réel

Les technologies de l'information actuelles permettent de toucher en un temps record une multitude d'acteurs : le problème n'est donc plus vraiment d'ordre technique, ni vraiment financier d'ailleurs. Il reste donc à promouvoir leur utilisation dans le domaine forestier, en veillant à favoriser la mise en relation entre des niveaux de responsabilité distincts, des champs d'intérêt et de compétence variés. A cet égard, des outils tels que les arbres de connaissance[70] qui permettent de représenter l'état des compétences et des savoir-faire des différents membres d'un groupe humain peuvent présenter un réel intérêt pour la problématique forestière où de nombreuses questions requièrent des compétences variées, sans pour autant que leur localisation soit toujours connue.

Travailler sur des entités territoriales homogènes et pertinentes

Nombre de problèmes ou de questions liées aux forêts gagnent à être appréhendées sur des territoires précis, avec des acteurs effectivement liés à ces forêts pour une raison ou pour une autre. Des objectifs tels que la gestion de la biodiversité ou l'amélioration de la compétitivité ne peuvent prendre de signification que lorsqu'ils s'incarnent dans des territoires, aux caractéristiques naturelles et humaines tangibles. Autrement, ils demeurent des abstractions et ne donnent lieu qu'à des discours plus ou moins hermétiques.

Cependant, la délimitation de ces territoires ne va pas de soi. S'il est possible de recourir aux limites administratives ou écologiques pour définir des territoires, rien ne garantit que ces délimitations seront pertinentes au regard des préoccupations et des projets des acteurs. Afin d'obtenir une réelle implication des acteurs, il importe de faire coïncider les entités forestières

[70] Se reporter à l'ouvrage de Michel AUTHIER et Pierre LEVY, Les arbres de connaissances, La Découverte, 1993.

considérées avec les entités dans lesquelles se jouent effectivement les intérêts et les problèmes. En somme, *toute réflexion stratégique en matière forestière suppose de porter sur des entités convenablement circonscrites, suffisamment homogènes et cohérentes.*

C'est en croisant plusieurs critères, politiques, écologiques, économiques, humains, que de telles entités forestières se démarqueront progressivement. De telles "macro-entités" s'imposent d'elles-mêmes dans le cas de grands bassins hydrographiques, en raison de la prééminence de la dimension physique du territoire dans le cas de l'eau. Dans le cas des forêts, le critère écologique permet souvent aussi de circonscrire de très grandes entités forestières englobantes. Mais au sein de ces entités, ce sont d'autres considérations, la densité du tissu industriel, la proximité des villes, la densité et la répartition humaines d'un territoire, l'histoire, le relief, l'existence d'une culture locale singulière, les problématiques et les enjeux dominants qui vont aider à délimiter des ensembles cohérents.

En plus et à partir des cartes thématiques déjà existantes, de nouvelles "*cartes stratégiques*" ont donc intérêt à être conçues. Les acteurs des territoires doivent être associés à ce travail : ils sont les mieux à même de fournir les critères singuliers, propres à leur territoire, qui permettront par croisement avec des critères plus généraux, de définir les entités pertinentes d'un point de vue stratégique.

Assurer une cohérence entre les différentes échelles

Pour le domaine forestier comme pour d'autres domaines, certaines dimensions se jouent à plusieurs échelles. La compétitivité, la biodiversité, la santé des forêts sont certes soumises à des comportements et facteurs locaux ou régionaux, mais dépendent aussi, pour une part, de déterminants nationaux et éventuellement internationaux. Une amélioration au plan local comme au plan national ne s'obtiendra pas seulement par

la juxtaposition de mesures ou de projets ponctuels et localisés, pensés indépendamment les uns des autres, ni même d'ailleurs par quelques grandes mesures nationales. Il importe qu'à chaque niveau où se jouent certains aspects de ces dimensions, des améliorations aient lieu qui s'épaulent mutuellement. Seules des *démarches interactives et itératives* entre les différents niveaux de responsabilité et de décision permettront d'y parvenir. La manière d'y parvenir effectivement est loin d'être connue, mais l'enjeu est assurément crucial.
Le problème de la communication envisagé précédemment se repose avec une acuité nouvelle. Il est en effet tout aussi difficile à des acteurs relevant de niveaux de responsabilité ou de préoccupation distincts de travailler ensemble qu'il l'est pour des acteurs relevant de champs d'intérêt différents. Outre le recours à des méthodologies qui favoriseraient l'exposé des préoccupations de ces différents niveaux, le repérage des intérêts communs et de la manière d'y répondre conjointement, il s'agit d'organiser des lieux de rencontre, de réflexion et des canaux d'échange entre ces différents niveaux. Ici aussi, l'intervention d'une *facilitation* entre les différents niveaux de responsabilité et d'action est très souhaitable, de même que le recours à des outils informatiques, tels que la Simulation d'Information Géographique qui peuvent aider à représenter plus fidèlement les caractéristiques des situations.

Vers une redéfinition des rôles de la puissance publique, et notamment des Etats

Les questions forestières font souvent l'objet d'une intervention significative de la puissance publique, celle ci étant entendue dans une acception large comprenant à la fois l'Etat et les collectivités territoriales. Cette intervention s'exerce d'abord au travers d'un corpus juridique et réglementaire. S'y s'ajoute, dans un assez grand nombre de pays, mais à des degrés d'intensité variables, une politique active visant à accroître les ressources forestières, à conserver des zones d'intérêt écologique marqué, à soutenir des dispositifs de gestion des forêts, à développer des structures de recherche et de formation...

Les fonctions de l'Etat de droit sont plus que jamais indispensables, sur les questions forestières comme sur d'autres domaines : à mesure que se diversifient les attentes et les représentations sur les forêts, l'existence d'un cadre pérenne de règles, de dispositifs de contrôle, d'arbitrage et de gestion des conflits prennent tout leur sens et leur utilité. Pour les Etats et les collectivités qui peuvent se le permettre, il est également très légitime que le caractère de "patrimoine commun des forêts" se traduise par des programmes ambitieux susceptibles d'intéresser de grandes surfaces forestières, afin de conserver et développer les potentialités plurielles des forêts.
Pourtant, comme l'ont montré les chapitres précédents, ces grands modes d'intervention de la puissance publique ne suffisent pas pour assurer aux forêts un devenir choisi, pour la raison simple que la puissance publique n'est pas la seule à intervenir en forêt, qu'en outre elle est elle-même composée d'une pluralité d'intervenants aux objectifs et modes d'actions dont la compatibilité n'est pas toujours assurée. *La question cruciale est donc : à qui revient-il aujourd'hui de prendre la responsabilité de jouer ce rôle de mise en cohérence des projets ponctuels et collectifs pour favoriser la prise en charge d'un véritable dessein commun en matière forestière ?*

Tant que cette fonction de recherche de coordination ne sera pas plus nettement investie, le risque sera grand d'assister à la déstabilisation à la fois de l'intervention collective et de l'intervention privée. *L'atomicité et la disparité des stratégies d'acteurs constituent en effet de grandes menaces pour l'intégrité des territoires, la gestion effective de certaines qualités forestières cruciales, et en définitive, l'ordre public.* Or, ces préoccupations relèvent justement du domaine de responsabilité et d'intervention de la puissance publique. Il serait donc parfaitement légitime que la puissance publique au sens large enrichisse son mode d'intervention sur les questions forestières. Cet enrichissement porterait sur le "*champ de l'action en commun*".

Les caractéristiques de l'intervention de la puissance publique sur ce champ doivent être foncièrement différentes de celles relatives à *l'action collective*. Il ne s'agit pas de renforcer la cadre collectif des réglementations, de lancer de nouveaux grands programmes d'intérêt général, mais de conduire progressivement les différents acteurs concernés par les questions forestières à mettre en commun leur capacité d'expertise, de réflexion et d'action pour une même finalité partagée et négociée. A côté de la puissance publique "contrôleur, garant de l'ordre public ou financeur de programmes", c'est une puissance publique "facilitateur de la communication et de la négociation entre acteurs" qu'appelle aujourd'hui le traitement des questions forestières. *Ces deux grands types de fonction doivent être clairement séparés, afin qu'aucun d'entre eux ne perde en efficacité et en légitimité.* Toute confusion entre ces deux types d'intervention serait nuisible. Aussi importera-t-il de les disjoindre méticuleusement, dans les organigrammes comme dans les personnes en charge. D'un pays à l'autre, des formules variées pourront être imaginées pour cette fonction de facilitation : une partie de la facilitation peut très bien être déléguée à des opérateurs privés, pour l'animation de certains processus par exemple.

Dans cette perspective, deux étapes essentielles sont à franchir : la reconnaissance par les acteurs de la puissance publique, de la nécessité de cette nouvelle fonction et la décision de sa création tout d'abord ; le choix et la formation de personnes effectivement aptes à la piloter ensuite, dans le respect des exigences qu'elle requiert. Les Etats ont à l'évidence un rôle de premier plan à jouer dans ce domaine puisqu'ils peuvent favoriser la mise en cohérence entre des échelles d'appréciation et d'intervention limitées dans l'espace, qu'il s'agisse par exemple d'une commune, d'un département, d'une province ou d'une région.

Aux missions traditionnelles de l'Etat et des collectivités territoriales, s'ajoute donc aujourd'hui une mission capitale d'accompagnement des acteurs à jouer pleinement leur rôle dans la résolution des problèmes de la société et la conception des projets. C'est en débloquant des fonds pour l'animation de réunions informelles ; en suscitant l'émergence de lieux de rencontre et de négociations entre acteurs concernés par un même espace forestier ou une problématique donnée ayant trait aux forêts ; en misant sur la recherche et le développement de nouvelles procédures de rencontre, de communication, de négociation ; en aidant au besoin financièrement certains acteurs à pouvoir s'impliquer dans des échanges exigeants en temps ; en promouvant des formations et des esprits de synthèse, aptes à faciliter les relations entre acteurs aux intérêts et formes d'intelligence très différents ; en encourageant une participation plus large aux débats qu'un mode enrichi et plus adapté à l'appréhension de la complexité actuelle et à venir des questions forestières, progressivement, se dégagera.

En raison du manque de pratique et de recul par rapport à ces nouveaux modes de réflexion et de décision en commun, des *expérimentations* sont nécessaires. Elles devront faire l'objet d'une observation toute spéciale afin qu'un maximum d'enseignements puisse en être retiré. Des protocoles spécifiques devront être élaborés, des comparaisons effectuées, notamment avec des zones témoins, afin de réussir à faire la part des choses dans les résultats obtenus entre les déterminants locaux *relatifs*, et des principes valables de manière *générale*.

6. CHANGER LES TERMES DE LA CERTIFICATION : NE PAS LA RESTREINDRE A UNE DIMENSION INTRINSEQUE

Il est probablement trop tard pour interrompre le tourbillon de la certification forestière ; un seuil a été franchi à partir duquel le mouvement de la certification s'auto-engendre, sans qu'importe désormais l'intérêt réel de la procédure. En revanche, il est toujours temps d'opposer aux schémas dominants des approches plus appropriées.

Dans la compétition qui se lève entre les différentes formes de certification forestière, la différence ne se fera pas seulement, comme cela se croit souvent, sur un logo, une campagne publicitaire plus ou moins retentissante, des alliances stratégiques plus ou moins solides, en bref des rapports de force et des images. Elle dépendra aussi et peut-être surtout de la valeur à moyen-long terme des cahiers des charges, dans leur acceptabilité par les acteurs ; la faisabilité de leur mise en œuvre ; leur résistance au temps et aux événements ; la qualité, l'effectivité et la pérennité des changements induits et des résultats obtenus. Car certifier consiste d'abord à "attester qu'une chose est vraie".

Aussi faut-il s'attendre à ce que toutes les formules purement déclaratives, les labels d'origine délivrés moyennant deux ou trois vérifications simples tombent d'eux-mêmes, tant ils sont impuissants à répondre aux défis associés à la durabilité.
Seules des formules exigeantes mais sécurisées, progressives et précautionneuses, sont donc susceptibles de faire marquer le pas aux approches actuelles, réductrices et dangereuses.

En conséquence des considérations qui précèdent, l'établissement d'un nouveau schéma de certification paraît devoir résider sur les fondements suivants :

La gestion durable est d'abord un processus à construire, plus qu'un résultat ou une performance à atteindre, déterminable *a priori*.

- Il est crucial de réintégrer des considérations humaines et relationnelles dans la problématique de la gestion durable, car il est illusoire d'espérer atteindre des objectifs forestiers donnés, sans prendre en considération les rapports des hommes aux forêts et les relations entre les hommes concernés par les forêts.
- Le droit et la science constituent des éléments de référence essentiels, bien qu'insuffisants à eux seuls.
- La contrainte excessive constitue un facteur de rejet, voire de comportement négatif ou désespéré, incapable de susciter l'implication constructive des acteurs. La motivation est essentielle à l'objectif de la gestion durable. L'implication positive des acteurs influents d'une manière ou d'une autre sur les forêts devient une nécessité de la gestion durable. L'instauration progressive d'un climat de confiance est nécessaire à la gestion durable.
- La rencontre, la communication et la négociation entre acteurs effectivement concernés par les questions forestières constituent le principe "moteur" de la gestion durable. Elles ont toutefois besoin de se faire selon des modalités particulières, à approfondir, pour être vraiment fécondes.
- Propriétaires et gestionnaires forestiers sont des acteurs essentiels de la gestion forestière : toute formule qui ne susciterait pas leur adhésion confiante et motivée est à écarter.
- La majorité des questions importantes en matière forestière n'a véritablement de sens qu'à des échelles vastes et englobantes, même si elles intègrent effectivement une multitude de situations et d'actions, éventuellement sur des entités territoriales de très petite taille. L'appréhension et la gestion des problèmes, de même que la construction des projets n'a de sens que par référence à un territoire, la taille et les caractéristiques de celui-ci devant être calés sur la nature du problème à traiter ou du projet à bâtir. La réflexion sur les différents niveaux, de temps ou d'espace où se jouent les problèmes et les projets est fondamentale.

- Les différentes dimensions forestières sont étroitement reliées selon des modalités complexes ; les séparer artificiellement ou agir séparément sur chacune d'entre elles revient à diminuer les chances d'atteindre le résultat escompté.
- Formation, information, recherche sont plus que jamais des supports essentiels, l'enjeu étant que, dorénavant, un plus grand nombre d'acteurs puisse accéder à leurs bienfaits.

Quatre grands principes découlent de ces considérations pour qu'un mode de certification de la gestion durable soit vraiment adapté à son objet :

1. Certifier la gestion durable, plus que vérifier la conformité des situations de terrain à une norme de performance, c'est avant tout certifier un processus et son bon fonctionnement, les résultats au départ devraient-ils être modestes. Le principe d'amélioration continue est un corollaire immédiat. Pour autant, les performances ne sont pas omises et les grands objectifs quantitatifs et qualitatifs des conventions internationales doivent être intégrés.

2. Certifier la gestion durable, c'est vérifier que sur un territoire pertinent du point de vue des grandes problématiques forestières, les finalités forestières et les modalités pour les atteindre sont convenablement discutées et négociées avant d'être mises en œuvre et éventuellement contrôlées par un jeu de critères et indicateurs idoines. L'existence de dispositifs de rencontre, de communication et de négociation favorisant l'implication positive et constructive des acteurs constitue *le point névralgique de tout dispositif de certification.* Les modalités de l'échange, les procédures de consultation, d'arbitrage et de décision, leur capacité à produire des engagements contractualisés satisfaisants pour les différentes parties concernées doivent elles-mêmes être intégrées dans le cahier des charges pour une certification.

3. Certifier la gestion durable, c'est vérifier que l'ensemble des acteurs effectivement influents sur les forêts sont correctement impliqués ou que des efforts sont faits en ce sens ; que leur motivation est recherchée ; que l'homme et ses rapports

nombreux avec les forêts et ses semblables ne sont pas oubliés. C'est dire aussi qu'aux critères et indicateurs strictement forestiers actuels doivent être ajoutés des critères et indicateurs de satisfaction humaine, de motivation, de patrimonialité, d'amélioration des relations entre acteurs...

4. Certifier la gestion durable, c'est enfin vérifier la cohérence entre les différentes échelles d'appréciation, de traitement de problèmes ou d'appréhension de projets, certaines questions forestières mettant en cause plusieurs territoires, une région dans son ensemble, un pays, voire un ensemble de pays.

Il appartient aux acteurs vraiment soucieux de l'avenir des forêts de concevoir et de promouvoir des dispositifs de certification forestière rénovés avant que les dispositifs actuels n'aient provoqué trop de dommages. *L'enjeu suprême consiste à faire que la certification forestière devienne un stimulateur de projet de territoire, porté par tous les acteurs intéressés, au lieu de contribuer à la dislocation des territoires par mise en concurrence de leurs composantes, sous l'effet de normes de performances arrêtées au plan international.*

L'urgence ressentie par certains acteurs à disposer sans délai d'un système de certification forestière ne doit pas faire perdre de vue le cap qu'il est crucial de suivre. Il est essentiel d'engager dès que possible des réflexions et des expériences dont les enseignements permettront de concevoir des schémas plus adaptés, sécurisés et porteurs d'avenir. Quand ils seront disponibles et auront été éprouvés, ces schémas pourront se substituer aux formules transitoires et protectrices conçues à ce jour par les opérateurs forestiers. La responsabilité en revient à l'ensemble des acteurs concernés par les forêts. Loin d'être exclus des considérations sur la certification, les Etats ont pour tâche essentielle de compléter les réflexions et travaux internationaux sur la gestion durable des forêts, essentiellement focalisés sur les forêts elles-mêmes, par des investigations sur les deux autres dimensions essentielles : les rapports des acteurs aux forêts ; les relations entre acteurs concernés par les forêts. En outre, leur rôle est déterminant pour aider les acteurs à trouver les conditions et les moyens appropriés à un débat et à une négociation de qualité.

7. PAR QUOI COMMENCER ?

La crise de la référence forestière met à jour un espace stratégique encore largement vierge. Les approches par principes, critères et indicateurs technico-scientifiques, de même que les démarches de certification, correspondent à une *première génération d'approches*, apparemment simples et pragmatiques, mais en réalité loin de suffire à résoudre les défis de la situation forestière contemporaine.

Il importe désormais de susciter l'émergence de réponses d'une autre nature. La difficulté tient au fait que ces démarches seront nécessairement plus complexes de conception comme de mise en œuvre. Aussi, nécessitent-elles des responsables convaincus de l'importance des défis forestiers actuels et à venir et résolus à prendre des risques pour les relever. C'est dans cette optique d'engagement que sont suggérés dans les lignes qui suivent les linéaments d'une initiative stratégique, organisée autour de quatre grands axes.

7.1. Un acte politique fort d'acteurs forestiers significatifs et notamment des Etats

La démarche par principes, critères et indicateurs technico-scientifiques des processus intergouvernementaux a été poussée jusqu'au bout, du moins pour ce qui concerne sa conception théorique. S'il appartient à chaque pays désormais de renseigner les indicateurs retenus pour d'éventuels ajustements et comparaisons entre pays, le dispositif d'ensemble est globalement conçu. Les Etats peuvent donc se permettre de considérer que cette première grande démarche en faveur d'une gestion durable des forêts est suffisamment bien engagée pour envisager une *initiative nouvelle et complémentaire*. Cette initiative doit être l'occasion pour les Etats de réaffirmer leurs engagements internationaux visant à faire tout leur possible pour mettre en œuvre une gestion durable des forêts sur l'ensemble de leur territoire ; elle doit surtout se démarquer de la démarche précédente et des schémas de certification qui partent d'une conception *a priori* de la gestion durable. Les grandes caractéristiques de cette démarche pourraient être :

1. Rédaction par quelques Etats soutenus par des professionnels de la forêt et du bois, d'autres acteurs aussi, d'un *manifeste* pour une approche plus globale de la gestion des questions forestières dans un environnement mondial complexe, évolutif et multi-acteurs. Ce document comporterait deux grands volets :
- le rappel de quelques grands principes (la gestion durable est un processus et ne peut se limiter au respect d'une norme ; la conservation de l'intégrité des forêts n'est pas qu'un problème technico-scientifique mais interroge l'ensemble des rapports entre les hommes et les forêts et les relations entre les hommes concernés par les forêts ; la motivation des acteurs et la confiance entre les acteurs sont des conditions *sine qua non* d'une gestion de la qualité des forêts ; la capacité des acteurs à se rencontrer et à négocier sur une base contractuelle, aux différentes échelles pertinentes et entre échelles, constitue le point névralgique de la gestion durable) ;
- l'annonce du lancement d'une initiative conduite simultanément dans plusieurs pays.

2. Organisation d'une réunion informelle pour sensibiliser et débattre avec d'autres Etats et acteurs concernés par la forêt de l'intérêt et des modalités de cette initiative.

3. Signature d'une charte entre les quelques pays près à lancer cette initiative, avec recherche d'implication de la Communauté Européenne au titre de démarche expérimentale. Une telle initiative aurait intérêt à associer des pays relevant de continents, de types forestiers et de problématiques forestières, très différents. Le nombre de candidats à l'initiative doit être

limité à quelques uns afin d'éviter une démarche trop lourde à gérer.

7.2. Un processus de concertation/négociation multi-niveaux

Architecture générale du processus

1. Constitution dans chaque pays d'un "groupe projet", pilote de l'initiative nationale, avec rédaction d'une charte, pour une expérimentation d'une durée de 6 mois à un an, et évaluation du projet en fin de course.

2. Délimitation, par croisement de données écologiques, économiques et humaines, de grands ensembles forestiers homogènes - les *grandes entités forestières-* dans chaque pays. Par exemple, pour la France, un premier niveau de découpage pourrait distinguer la forêt méditerranéenne, la forêt alpine, la forêt de plaine...

3. Pour trois ou quatre de ces entités retenues à la fois pour des raisons de représentativité et de variété, lancement d'un "appel à initiative", à différents niveaux de territoire, en favorisant des porteurs de projet motivés, qui soient en position de vrais responsables, prêts à s'engager pour leurs forêts. Les niveaux retenus iraient du grand massif forestier (par exemple, le Massif Landais, le massif forestier d'Ile de France...) au micro-massif communal ou intercommunal en passant par des massifs de taille intermédiaire). Deux ou trois sites pour chaque niveau sont souhaitables, afin d'assurer une variété des types forestiers et des problématiques forestières prédominantes.

4. Réalisation d'audits patrimoniaux dans chacune de ces entités et sous-entités sur la base d'entretiens approfondis avec une trentaine d'acteurs à chaque fois, représentant des intérêts variés, de niveau de responsabilité correspondant à l'échelle d'investigation de l'audit (acteurs micro pour audit micro,

acteurs nationaux et/ou régionaux pour grande entité forestière, etc.).

5. Organisation par une équipe de facilitation, dans des lieux neutres, d'une manière informelle, de processus d'échange et de négociation entre les acteurs ayant contribué à l'audit, à chaque niveau d'investigation. Sur la base d'une présentation des résultats de l'audit, il s'agira de reconnaître sur chacun des territoires retenus, la nature effective des problèmes, les principales qualités forestières en jeu, les entités naturelles, humaines et artificielles dans lesquelles elles se jouent, les offres et demandes de qualité, les contrats actuels et potentiels que le monde forestier peut envisager de nouer avec le reste de la société. Ce repérage général permettra d'identifier des "objectifs qualité" pour les espaces forestiers sur les trois registres de la qualité intrinsèque des forêts, du rapport des différents acteurs aux forêts et des relations entre acteurs concernés par les forêts. Il permettra également une véritable réflexion sur les conditions et moyens à mettre en œuvre pour atteindre effectivement ces objectifs.

6. Organisation d'un *processus d'intégration* des travaux aux différents niveaux, d'abord au sein d'un même pays, puis, entre pays. Des confrontations entre les productions des différents processus sont organisées d'une manière horizontale (entre les différents sites d'un même niveau territorial) et verticale (entre les différents niveaux d'une même entité géographique donnée). Un travail préparatoire est effectué par des équipes de facilitation, les discussions entre acteurs de différents sites et/ou de différents niveaux étant là aussi organisées selon des méthodes de facilitation et de réflexion stratégique en groupe. L'objectif est d'assurer un enrichissement global de la réflexion, d'assurer une cohérence d'ensemble dans l'identification des problèmes et dans la définition des objectifs.

7. Identification des grandes problématiques, des constantes, des variations d'un pays ou d'un site à l'autre, des inconnues,

des points d'accord et de désaccord, des menaces, enjeux et opportunités.

En induire des concepts, des méthodes et des procédures de gestion et d'authentification en univers complexe et multi-acteurs

Outre la constitution d'un véritable *processus de réflexion micro-macrosystémique* se traduisant notamment par l'identification d'objectifs forestiers validés aux différents niveaux de territoire et de responsabilité, une telle expérimentation doit permettre *d'induire* un ensemble de conditions et moyens *concrets* nécessaires à l'instauration d'un mode enrichi pour la gestion des questions forestières. De même, des critères adaptés aux différentes situations forestières pour une éventuelle authentification des processus de gestion durable sont censés émerger.

1. Ce processus doit permettre d'identifier de nouveaux critères pour une authentification de la gestion durable, qui ne seront pas seulement substantifs et concentrés sur les forêts mais porteront également sur les procédures à développer pour assurer une implication satisfaisante des acteurs, des échanges et des négociations conviviales, aux bonnes échelles par rapport au problèmes concernés. Les procédures d'authentification seront induites et non conçues *a priori* sans véritable égard pour l'objet "gestion durable" dont elles sont pourtant censées attester l'effectivité.

2. Simultanément, il serait opportun de recenser l'ensemble des méthodes et procédures de gestion des problèmes complexes et multi-acteurs dans le monde.

3. Une présentation internationale de la démarche et de ses résultats permettrait de changer le regard porté sur les questions forestières, de mettre en exergue l'insuffisance des démarches actuellement dominantes en matière de gestion durable, et de

montrer à de nombreuses personnes que la manière dont les questions forestières sont traitées peut être sensiblement et rapidement améliorée en mettant les différents acteurs dans des configurations où ils peuvent individuellement et tous ensemble mieux contribuer à piloter la destinée des forêts.

7.3. Promouvoir une culture naturaliste éclairée

La démarche suggérée pour rénover le mode d'appréhension des questions forestières ne peut porter ses fruits que dans la durée, moyennant une implication résolue et patiente d'un grand nombre d'acteurs. A terme, c'est le comportement de l'ensemble des membres de la société dont il s'agit de favoriser l'ajustement afin que chacun concourt de manière constructive et volontaire à l'avenir choisi pour les forêts de sa commune, de sa région, de son pays et plus largement du monde. Une telle mobilisation suppose l'émergence d'une *conscience forestière collective* beaucoup plus éclairée qu'elle ne l'est aujourd'hui. Cela suppose également que chacun apprenne à voir dans la communication et la négociation avec autrui, une forme de convivialité et une source potentiellement appréciable d'enrichissements pluriels.

Un tel programme pourrait paraître relever de considérations de long terme, à envisager de ce fait dans un second temps. Bien qu'il nécessite lui aussi du temps pour porter pleinement ses fruits, il est cependant fondamental que son lancement commence le plus tôt possible. Le manque d'aptitude à la négociation de même qu'une culture générale de la société trop peu naturaliste constituent en effet de sérieux *facteurs limitants* pour une résolution efficace de la plupart des grandes questions forestières. Espérer résoudre certaines questions tant que ces facteurs limitants seront pareillement actifs est un leurre. Ainsi le lancement de certaines expérimentations dans la résolution des questions forestières demandera des financements spécifiques, la formation de personnes de haut niveau, toutes conditions qui seront très difficiles à obtenir tant que les responsables de la cité ne seront pas mieux sensibilisés aux problématiques forestières. Aussi importe-t-il de renforcer sensiblement le programme éducatif.

Le développement de la conscience naturaliste, *a fortiori* forestière, de la population demande que tout au long du cursus d'enseignement, une formation adéquate soit organisée. Cela est vrai pour le secondaire, mais cela l'est encore plus pour la suite où, les étudiants, dès le lycée, peuvent très bien ne plus jamais entendre parler de botanique, de zoologie ou d'écologie s'ils ne sont pas dans une *filière* scientifique et plus précisément *une filière* qui accorde une place importante à la biologie. En particulier, la plupart des responsables publics et privés des différents pays passent par des écoles supérieures ou des formations universitaires qui ne délivrent bien souvent aucun message sur des considérations naturalistes. La multiplication des crises liées à la nature et au vivant (maladie de la vache folle, O.G.M...) souligne l'utilité d'un enseignement naturaliste, à mesure que chacun réalise que la nature et le vivant sont en train de revêtir, dans tous les domaines d'activité et de responsabilité, une dimension stratégique. De tels modules doivent être adaptés aux différentes écoles et formations : il reste à concevoir des "formules éducatives" appropriées aux différents publics.

7.4. Renforcer l'aptitude de chacun à mieux négocier

Dans une société caractérisée par l'essor des interdépendances, ne pas savoir écouter l'autre, craindre une confrontation directe avec lui, ne pas savoir consacrer le temps nécessaire pour qu'une négociation réussisse, c'est se priver par là-même de toutes les possibilités de synergies et de jeux à somme positive. Il est donc de la plus haute importance, qu'à tous les niveaux de la société, à l'école comme à l'occasion de formations continues, l'accent soit mis sur l'intérêt et les modalités d'une communication/négociation réussie. Le déficit en la matière est considérable dans nombre de pays où la négociation est vue avant tout sous l'angle du "partage de gâteau", dont il s'agit de s'approprier la plus grosse part ou alors de minimiser l'appétit de l'autre. Les professionnels de la forêt et du bois gagneraient à miser plus sur la négociation, entre eux et avec le reste de la société. Des formations existent un peu partout, il reste donc avant tout à décider de leur généralisation et de leur mise à disposition à des personnes qui, soit n'en ont pas les moyens, soit n'ont pas vu tout l'intérêt qu'elles pourraient en retirer. L'enjeu est de promouvoir une véritable *culture de la négociation* à l'échelle mondiale, comparable à celle qu'on su développer au cours des âges la population de certains pays soumis à des contextes géographiques et économiques difficiles. La puissance publique a clairement un rôle à jouer dans ce domaine.

"Les Etats ont le droit souverain et inaliénable d'utiliser, de gérer et d'exploiter leurs forêts conformément à leurs besoins en matière de développement et à leur niveau de développement économique et social..."

(article 2 - Déclaration de principes relatifs aux forêts - Conférence des Nations Unies sur l'Environnement et le Développement - Rio de Janeiro - juin 1992).

Conclusion

Dès leurs prémices, les textes internationaux soulignent qu'en matière forestière, le pouvoir des Etats n'est limité par aucun autre pouvoir. Les Etats sont censés présider souverainement aux destinées des espaces forestiers de leur territoire, sans avoir à se soumettre à une quelconque autorité. C'est d'ailleurs au nom de ce principe de souveraineté que le projet de Convention Mondiale sur les Forêts de caractère obligatoire fut battu en brèche à Rio de Janeiro en 1992. A l'époque, seule une "déclaration de principes faisant l'objet d'un consensus mais de caractère non juridiquement contraignante" avait pu voir le jour.

Ce principe est-il vérifié par les développements récents des dispositifs de certification forestière ?
Au motif qu'il s'agit d'un instrument de marché, que la certification relève d'ordinaire de l'initiative privée, les Etats se tiennent en marge de l'élaboration des schémas de certification des forêts. Pourtant, la procédure de certification véhicule, par l'entremise de son cahier des charges, une conception spécifique de ce qu'est une forêt

bien gérée : un nouveau modèle ou une nouvelle référence forestière. Les règles, critères de gestion et niveaux de performance qui composent le cahier des charges sont autant de prescriptions qui contraignent les modalités d'utilisation, de gestion et d'exploitation des forêts, sans pourtant être promulguées par des Etats : le marché les porte et les propage ; des organisations et des opérateurs internationaux vont éventuellement les établir, à tout le moins dans leurs grandes lignes ; dans certains cas, les représentants des grandes familles d'acteurs d'un pays ou d'un territoire vont définir entre eux la référence de la certification, l'Etat n'étant alors qu'une partie parmi d'autres.

Dès lors survient une situation inédite : les Etats n'ont *de fait* plus le monopole de la référence ; le principe de la souveraineté est outrepassé par une procédure privée, stimulée par des organisations non gouvernementales. Tout s'est passé si vite que personne ne semble avoir pris la mesure du changement : les Etats ne constituent plus un passage obligé et systématique pour les acteurs, un arbitre tout puissant de leurs relations et projets singuliers ; ils se sont comme éclipsés. Les acteurs se retrouvent donc livrés à eux-mêmes, confrontés les uns aux autres pour établir de nouvelles références forestières.

Dans cet environnement nouveau, sans véritable garant de l'intérêt commun, certaines O.N.G. internationales de conservation de la nature ont cru pouvoir précipiter l'avènement d'un mode de gestion durable en recourant au seul marché. La pression du marché exercée sur les opérateurs liés à la forêt et au bois place cependant ces derniers devant une alternative de vie ou de mort. Soumis à un sentiment d'agression et d'urgence, ces acteurs ne sont plus en état d'aborder avec patience, détermination et méthode, les problèmes et enjeux complexes auxquels sont confrontés les espaces forestiers et les acteurs qu'ils concernent. La problématique de la gestion durable est alors vidée de sa fécondité : seule importe désormais l'obtention rapide d'un certificat ou d'un label, dût-il exiger des concessions importantes ; dans la précipitation, la réflexion sur les risques associés à de tels mécanismes est à peine investie ; la forêt et les problèmes réels des acteurs sont passés sous silence. Certificats et labels se multiplient, mais la gestion durable est plus que jamais insaisissable. La question " quelles forêts pour demain ? ", question de société par excellence, valable de l'échelon local au niveau planétaire, s'évanouit au profit de l'élaboration d'une norme à prétention planétaire établie par quelques experts.

Cette expérience de la certification forestière aura au moins eu pour mérite de montrer que la confrontation d'acteurs aux intérêts divers, sans méthode et sans précaution, ne permet pas de dépasser le particularisme des positions, et ceci malgré l'existence ou la possibilité d'interdépendances objectives ; qu'en outre le marché, n'en déplaise aux tenants de la *Main invisible,* ne constitue pas une médiation susceptible de déboucher sur l'harmonie dans les affaires humaines, encore moins sur l'harmonie dans les relations entre les hommes et la "nature". En somme, les vicissitudes des schémas de certification forestière soutenus par certaines O.N.G. internationales témoignent à la fois d'une certaine naïveté et d'une erreur de fond : croire tout d'abord que la simple réunion d'acteurs aux intérêts divers peut déboucher sur un réel consensus ; estimer ensuite qu'il peut y avoir gestion durable quand certains acteurs n'ont qu'à exiger tandis que les autres doivent exécuter sans contrepartie aucune.

Que faire alors si, ni le cadre collectif, réglementaire et légal, ni le marché, isolément ou ensemble, ne permettent d'établir une nouvelle référence forestière, partagée par tous, et capable d'assurer l'implication constructive et motivée de l'ensemble des acteurs ayant un impact sur l'avenir des forêts ? Comment favoriser, dans l'espace de liberté délimité par le droit, la rencontre et la négociation entre des offres et des demandes vis-à-vis des forêts, qui ne trouvent pas toujours de traduction monétaire immédiate dans l'économie actuelle ?

• La durabilité a besoin de temps, de sérénité, de complicité et de désir pour s'épanouir. Sans implication constructive et motivée des acteurs, de l'ensemble des acteurs, la durabilité ne sera pas. Aussi est-il temps de réputer contraire à tout objectif de durabilité, la violence des procédés utilisés aujourd'hui pour forcer les acteurs à un soi-disant consensus. Allier la tyrannie du marché aux techniques d'influence des multinationales conduira à l'exact opposé d'un mode de développement durable : les défiances réciproques qui s'ensuivent génèrent des spirales infernales qui tôt ou tard échappent à toute maîtrise, pour le malheur de tous et aux dépens des forêts.

Plus que jamais une *éthique* de la durabilité s'impose : qui l'écrira ? Au nécessaire respect des acteurs, de leurs droits, contraintes et objectifs, la recherche de la confiance et de la motivation sont des conditions clefs de la durabilité. Toute approche qui néglige ces dimensions humaines et relationnelles s'abuse et abuse en prétendant servir les intérêts du développement durable.

• Bien que primordiale, une éthique de la durabilité ne suffit pas pour instaurer un mode de développement durable. Car le défi majeur de la durabilité n'est autre que le défi de l'harmonie : passer de l'atomicité actuelle des savoirs et savoir-faire, de l'éparpillement des intérêts, des objectifs et des stratégies d'acteurs à une mise en commun des expertises, des capacités de réflexion et d'action. Ceci afin de tendre vers des approches et des projets concertés, qui cherchent à conjoindre des considérations et des échelles variées en tirant le meilleur profit des complémentarités et des synergies. En somme, la diversité dans l'unité, l'un et le multiple à la fois, enfin.

Un tel résultat cependant ne peut être obtenu sans modalités spécifiques. La communication entre acteurs aux logiques, aux langages et aux motivations différentes, *a fortiori* leur capacité à construire ensemble, demeure en effet l'une des grandes difficultés contemporaines. Aussi, les objectifs généraux de Rio de même que ceux de maints processus consacrés à la gestion durable de tel ou tel secteur, bien que louables, demeurent inaccessibles tant que cette difficulté fondamentale n'est pas surmontée. De là, la nécessité de trouver et de recourir à des méthodologies, des procédures, de processus d'appréhension et de gestion des problèmes complexes et multi-acteurs, de mise en exergue des interdépendances, d'identification des jeux à somme positive et des possibles synergies... En l'absence de telles méthodes et procédures de gestion de la complexité centrées autour des intérêts communs aux acteurs, chacun garde sa position, demeure prisonnier de sa représentation. Les débats se réduisent à des rapports de force. Seul le recours à la violence ou l'avènement de la catastrophe, en définitive, commande les changements.

La conférence de Rio n'accordait qu'une place mineure aux critères et indicateurs, dans la mesure où ils ne sont que des instruments de pilotage d'appoint. A la recherche désespérée d'harmonisation de critères et indicateurs entre régions du monde dans laquelle se fourvoient aujourd'hui nombre d'initiatives et séminaires internationaux, il est urgent de supplanter une recherche sur les procédures de débats, de communication et de négociation en univers complexe et multi-acteurs. C'est précisément là que résident les plus grandes lacunes, donc aussi les plus grandes marges d'amélioration. La recherche d'une universalité substantive conduit tout droit à la définition d'une norme planétaire de performance applicable à l'échelle de l'unité de gestion... *C'est au contraire en une certaine universalité des procédures d'appréhension et de traitement des problèmes complexes qu'il convient d'espérer.* La tâche des processus internationaux dédiés à la gestion durable des forêts commence donc à peine ; c'est sur des aspects méthodologiques, désormais, qu'il importe de miser.

• Dans certains cas, le respect à la lettre d'un protocole permet d'atteindre le résultat escompté, quel que soit l'opérateur. En matière de gestion ou de développement durable, la complexité intrinsèque des situations considérées fait que les procédures évoquées plus haut ne peuvent être considérées que comme des auxiliaires, des guides ou des trames méthodologiques. Leur efficacité est indissociable des personnes qui acceptent d'y recourir d'une part, des personnes qui les mettent en œuvre d'autre part. Si, de toute manière, les acteurs concernés par un problème, ne sont pas disposés pour en parler ouvertement, dans un esprit constructif, il est très difficile d'envisager des avancées favorables sur le long terme. Mais quand bien même ils le seraient, il importe en outre d'avoir des personnes capables de faire vivre ces méthodes et ces procédures, de les animer dans le sens profond du terme.

L'un des grands enjeux contemporains consiste donc à former des personnes sans appartenance marquée, dont la mission ne serait plus de défendre l'intérêt d'un acteur ou d'un groupe d'acteurs, mais de penser et de rechercher l'intérêt commun aux acteurs concernés par un problème ou un projet donné. Car appréhender des interactions entre acteurs, chercher à concilier des attentes et des besoins non évidemment compatibles, réussir à identifier les jeux à somme positive requiert une pensée aussi affranchie que possible des diverses appartenances dans lesquelles sont généralement pris les acteurs. Pas de développement ou de gestion durable donc sans personnes facilitant la prise en charge par un ensemble d'acteurs d'un problème ou d'un projet donné.

*

* *

Un travail considérable a été réalisé depuis la conférence de Rio de Janeiro sur l'Environnement et le Développement, dans différentes instances, sur différents aspects, afin d'approcher un mode de développement durable. L'exemple des forêts montre néanmoins que les problématiques et les défis sous-jacents à la gestion durable sont d'une nature beaucoup plus complexe qu'il y paraît de prime abord. Plusieurs principes jugés indispensables par les textes fondateurs du développement durable s'avèrent en fait dépendre de la mise en œuvre de modalités spécifiques. Tant que ces modalités n'auront pas été convenablement investies et favorisées, des principes sans doute nécessaires tels que la participation citoyenne aux décisions publiques, la prise en compte conjointe de considérations économiques, écologiques et sociales... resteront des vœux pieux, quand ils ne généreront pas finalement plus de complications déstabilisantes que d'avancées constructives.

Les pages précédentes ont repéré certaines lacunes dans les modes actuels d'appréhension de la problématique de la gestion durable des forêts. L'élaboration de procédures spécifiques de ce type de problèmes et la formation de personnes dévouées à l'intérêt commun des acteurs constituent un doublon sans doute indispensable, une nouvelle fonction dont la société a besoin pour relever les défis auxquels la pousse la problématique de la durabilité. S'il revient au corps social dans son ensemble de reconnaître les bienfaits que lui apporterait l'adjonction de cette fonction de facilitation, les Etats ont certainement un rôle de premier plan à jouer en encourageant son émergence et son développement.

Bibliographie

Ouvrages de réflexion générale

- **Arnould P.**, *La forêt française entre nature et culture*, Habilitation à diriger des recherches, Paris, 1994.
- **Barouch G.**, *La décision en miettes*, L'harmattan, 1989.
- **Bateson G.**, *La nature et la pensée*, Seuil, 1979.
- **Blondel J.**, *Biogéographie : approche évolutive et écologique*, Masson, 1995.
- **Cassagnes Brouquet S. et Chambagnac V.**, *L'âge d'or de la forêt*, Eds du Rouergue, 1995.
- **Crozier M. et Friedberg E.**, *L'acteur et le système*, Seuil, 1977.
- **Drouin J.M.**, *L'écologie et son histoire*, Champs Flammarion, 1991.
- **Girard R.**, *Je vois Satan tomber comme l'éclair*, Grasset, 1999.
- **Gould S. J.**, Comme les huit doigts de la main, Seuil, 1996.
- **Hainard R.**, *Le monde plein*, Eds Melchior, 1991.
- **Harrison R.**, *Forêts, essai sur l'imaginaire occidental*, Champs Flammarion, 1992.
- **Kourilsky P.**, *La science en partage*, Odile Jacob, 1998.
- **Larrère C. & R.**, *Du bon usage de la nature : pour une philosophie de l'environnement*, Aubier, 1997.
- **Latour B.**, *Politiques de la nature*, La découverte, 1999.
- **Lorenz K.**, *Les huit péchés capitaux de la civilisation*, Flammarion, 1973.
- **Mayr E.**, Qu'est ce que la biologie?, Fayard, 1997.
- **Norton B.**, *Why preserve natural variety?*, Princeton University Press, 1987.

- **Oelschlaeger M.**, *The idea of wilderness*, Yale University Press, 1991.
- **Ollagnon H.**, *L'approche patrimoniale de la gestion de la qualité : une application à la nature*, Thèse pour l'obtention du doctorat d'Etat, sous la direction de René Passet, 1999.
- **Ost F.**, *La nature hors la loi,* La découverte, 1995.
- **Serres M.**, *La légende des anges,* Flammarion, 1993.
- **Soulé M. E.**, *The social siege of nature. Reinventing nature ?,* M. E. Soulé and G. Lease Eds, Island Press, p. 137-170, 1995.
- **Watzlawick P., Weakland J., Fisch R.**, *Changements,* Seuil, 1975.
- **Wilson E. O.**, *La diversité de la vie*, Odile Jacob, 1992.

Ouvrages et documents sur la gestion durable et la certification forestière

- Union Internationale pour la Conservation de la Nature (U.I.C.N.), *Stratégie mondiale de la conservation*, 1980.
- *Action 21 ; Déclaration de Rio sur l'environnement et sur le développement ; Déclaration de principe relatifs aux forêts*, Nations Unies, 1993.
- *Conférence Ministérielle pour la Protection des Forêts en Europe, résolutions H1 et H2*, actes de la conférence, décembre 1993.
- *Les indicateurs de gestion durable des forêts françaises*, Ministère de l'Agriculture et de la Pêche, Direction de l'Espace Rural et de la Forêt, 1995.
- *La gestion durable des forêts tempérées*, Revue Forestière Française, numéro spécial, 1996.
- *Séminaire Intergouvernemental sur les critères et indicateurs de gestion durable des forêts*, Rapport général, août 1996.
- **Brédif H. et Ollagnon H.**, *Gestion durable des forêts : la France à l'heure des choix*, Afocel, 1997.
- *Critères et indicateurs de l'aménagement durable des forêts au Canada*, Conseil canadien des ministres des forêts, 1997.
- *Second international seminar on the Finnish Forest Certification Standard*, Document de référence, 1997.
- *Procédures de vérification Keurhout*, Fondation Keurhout, octobre 1997.
- *L'Europe et la forêt*, Rapport Eurofor du Parlement européen, vol. 3, 1997.
- *Troisième conférence ministérielle pour la protection des forêts en Europe*, Déclaration générale et résolutions adoptées, Ministère de l'agriculture, du développement rural et des pêches du Portugal, juin 1998.
- *Global annual report, Forest for life*, World Wildlife Fund (W.W.F.), 1998.

- *Critères et indicateurs pour la gestion durable forestière des forêts tropicales naturelles,* Intertropical Timber Organization (I.T.T.O.) , version révisée, juillet 1998.
- *Living Forest report*, Norway Initiative, 1998.
- *Test des indicateurs de développement durable des Nations Unies*, Rapport de la France, Institut français de l'environnement, 1998.
- *Matériaux de référence informative d'aide à l'utilisation des normes ISO 14001 et ISO 14004 relatives au Système de Management de l'Environnement par les organismes forestiers*, juillet 1998.
- *Principes et critères du F.S.C.*, Version révisée, juin 1999.
  Counsell S., *Trickery or truth ? An examination of the effectiveness of the Forest Stewardship Council*, The Rainforest Foundation U.K., juin 1999.
- *Paneuropean Forest certification framework, common elements and requirements*, Document technique, juin 1999.
- *Statement of european environmental organizations, trade unions and industry groups on certification*, mars 1999.
- *Comparative database of forest management certification issued on behalf of U.K. working group*, U.K. certification working group, 1999.

Sommaire

www.ingramcontent.com/pod-product-compliance
Lightning Source LLC
LaVergne TN
LVHW021248191026
PP19718000004B/4
9782747501149